多角度与
激光雷达遥感
对地观测

王强 著

武汉大学出版社

图书在版编目(CIP)数据

多角度与激光雷达遥感对地观测/王强著.—武汉:武汉大学出版
社,2021.2(2022.4 重印)
ISBN 978-7-307-21968-7

Ⅰ.多… Ⅱ.王… Ⅲ.①激光雷达—应用—大地测量 ②遥感技
术—应用—大地测量 Ⅳ.P22

中国版本图书馆 CIP 数据核字(2020)第 234980 号

责任编辑:杨晓露 责任校对:汪欣怡 版式设计:马 佳

出版发行:**武汉大学出版社** (430072 武昌 珞珈山)
(电子邮箱:cbs22@whu.edu.cn 网址:www.wdp.com.cn)
印刷:武汉邮科印务有限公司
开本:720×1000 1/16 印张:12.5 字数:224 千字 插页:1
版次:2021 年 2 月第 1 版 2022 年 4 月第 2 次印刷
ISBN 978-7-307-21968-7 定价:39.00 元

前　言

　　遥感是 20 世纪 60 年代发展起来的一门新兴的综合性交叉学科。随着卫星遥感技术的兴起，计算机、通信技术以及数字成像技术的进步，世界各主要航天大国相继研制出各种以对地观测为目的的遥感卫星，遥感平台和传感器已从过去的单一型向多样化发展。目前的传感器主要包括光学、合成孔径雷达与激光雷达三种，同时海量的遥感数据已被获得和积累。伴随而来的遥感技术正经历着一场质的变化，遥感应用的深度和广度正在不断扩展，如何从单一信息源分析向多源遥感信息复合分析的方向发展，成为当前世界遥感技术应用的热点。本书针对此科学问题，首先通过分析光学多角度与激光雷达数据各自的优缺点，兼顾森林自身结构的复杂性，基于单一遥感数据难以全面包含森林结构连续变化信息的局限性，进而提出光学多角度影像与激光雷达数据协同的技术方法，然后利用多角度光谱、多角度几何等多维度地反映森林生物量的连续变化，突破遥感信号对森林生物量饱和的局限，最终实现无缝覆盖，探索大范围区域乃至全球尺度森林生物量反演的理论与方法。

　　本书系统描述了多角度光学遥感与激光雷达应用的相关理论、技术与方法，是作者团队多年研究成果的体现。书中多源遥感数据协同技术突破了传统遥感建模思路，并且实现了遥感信号与机理模型的有机结合，进而改善了国产数据产品质量，并提高了遥感大范围观测的准确性，希望以此增强遥感对全球变化科学的贡献。全书共分为 7 章，第 1 章是遥感概述，介绍了多角度遥感与激光雷达遥感的概况与发展。第 2 章从多角度光学遥感技术入手，介绍多角度遥感的理论基础、数据介绍与预处理。第 3 章从激光雷达系统原理、回波模型、点云数据处理与波形数据处理方面介绍了激光雷达遥感技术。第 4 章从遥感机理出发介绍了电磁波传输理论，以及多角度遥感物理模型。第 5 章介绍了森林植被场景建立、植被几何结构参数化进而构建植被遥感模型，并介绍了模型的原理。第 6 章介绍了基于多角度遥感物理模型利用光学遥感数据的森林参数提取。第 7 章介绍了基于地基、机载激光雷达遥感数据的森林参数反演研究。

　　本书由黑龙江工程学院王强撰写。本书成果得益于多项科研项目的支持，包括国家自然科学基金项目（41201435）、黑龙江省自然科学基金联合引导项目（LH2020D013）、黑龙江工程学院领军人才梯队培育计划（2020LJ01）、黑龙江省普通本科高等学校青年创新人才培养计划（UNPYSCT-2020051）、黑龙江工程学院基本科研项目（2018CX04）。希望本书能对多源遥感信息处理相关的科研工作者提供相关技术、方法与研究思路的借鉴，为教学单位提供参考。由于作者水平有限，书中难免存在不足与不妥之处，敬请读者批评指正。

目　　录

第1章 绪 论

1.1 遥感概述

1.1.1 遥感的概念及特点

遥感(Remote Sensing)，从广义上说泛指从远处探测、感知物体或事物的技术。即不直接接触物体本身，从远处通过仪器(传感器)探测和接收来自目标物体的信息(如电场、磁场、电磁波、地震波等信息)，经过信息的传输及其处理分析，识别物体的属性及其分布等特征的技术。

通常遥感是指空对地的遥感，即从远离地面的不同工作平台上(如高塔、气球、飞机、火箭、人造地球卫星、宇宙飞船、航天飞机等)通过传感器，对地球表面的电磁波(辐射)信息进行探测，并经信息的传输、处理和判读分析，对地球的资源与环境进行探测和监测的综合性技术。

当前遥感形成了一个从地面到空中，乃至空间，从信息数据收集、处理到判读分析和应用，对全球进行探测和监测的多层次、多视角、多领域的观测体系，成为获取地球资源与环境信息的重要手段。

遥感在地理学中的应用，进一步推动和促进了地理学的研究和发展，使地理学进入一个新的发展阶段。

遥感有如下主要特点：

(1)感测范围大，具有综合、宏观的特点。

遥感从飞机上或人造地球卫星上，居高临下获取的航空像片或卫星图像，比在地面上观察视域范围大得多。又不受地形地物阻隔的影响，景观一览无余，为人们研究地面各种自然、社会现象及其分布规律提供了便利的条件。

例如，航空像片可提供不同比例尺的地面连续景观像片，并可供像对的立体观测。图像清晰逼真、信息丰富。一张比例尺 1∶35000 的 23cm×23cm 的航空像片，可展示出地面60余平方千米范围的地面景观实况。并且可将连续的像片镶嵌成更大区域的像片图，以便总观全区进行分析和研究。卫星图像的感测范围更大，一幅陆地卫星 TM 图像可反映出 34225km² (即 185km×l85km) 的景观实况。我国全境仅需 500 余张这种图像，就可拼接成全国卫星影像图。因此，遥感技术为宏观研究各种现象及其相互关系，诸如区域地质构造和全球环境等问题，提供了有利条件。

(2) 信息量大，具有手段多、技术先进的特点。

遥感是现代科技的产物，它不仅能获得地物可见光波段的信息，而且可以获得紫外、红外、微波等波段的信息。不但能用摄影方式获得信息，还可以用扫描方式获得信息。遥感所获得的信息量远远超过了用常规传统方法所获得的信息量。这无疑扩大了人们的观测范围和感知领域，加深了人们对事物和现象的认识。

例如，微波具有穿透云层、冰层和植被的能力；红外线则能探测地表温度的变化等。因而遥感使人们对地球的监测和对地物的观测达到多方位和全天候。

(3) 获取信息快，更新周期短，具有动态监测的特点。

遥感通常为瞬时成像，可获得同一瞬间大面积区域的景观实况，现势性好；而且可通过不同时相取得的资料及像片进行对比、分析和研究地物动态变化的情况，为环境监测以及研究分析地物发展演化规律提供了基础。

例如，陆地卫星 Landsat-4/5 每 16 天即可对全球陆地表面成像一遍，气象卫星甚至可每天覆盖地球一遍。因此，可及时地发现病虫害、洪水、污染、火山和地震等自然灾害发生的前兆，为灾情的预报和抗灾救灾工作提供可靠的科学依据和资料。

此外，遥感还具有用途广、效益高的特点。遥感已广泛应用于农业、林业、地质矿产、水文、气象、地理、测绘、海洋研究、军事侦察及环境监测等领域，深入很多学科中，应用领域在不断扩展。而遥感成果获取的快捷以及所显示出的效益，则是传统方法不可比拟的。遥感正以其强大的生命力展现出广阔的发展前景。

1.1.2　遥感的分类

由于分类标志的不同，遥感的分类有多种。如按遥感工作平台(即运载工具)的不同，可分为地面遥感(或近地遥感)、航空遥感、航天遥感；按探测电磁波的工作波段分类，可分为可见光遥感、红外遥感、微波遥感等；按遥感应用的目的不同，又可分为环境遥感、农业遥感、林业遥感、地质遥感、海洋遥感,等等。

成像方式(或称图像方式)就是将所探测到的强弱不同的地物电磁波辐射(反射或发射),转换成深浅不同的(黑白)色调构成直观图像的遥感资料形式,如航空像片、卫星图像等。非成像方式(或非图像方式)则是将探测到的电磁辐射(反射或发射)转换成相应的模拟信号(如电压或电流信号)或数字化输出、或记录在磁带上而构成非成像方式的遥感资料,如陆地卫星CCT 数字磁带等。

主动式遥感或被动式遥感则是按传感器工作方式的不同所作的分类。所谓主动式遥感是指传感器带有能发射讯号(电磁波)的辐射源。工作时向目标物发射,同时接收目标物反射或散射回来的电磁波,以此所进行的探测。被动式遥感则是利用传感器直接接收来自地物反射自然辐射源(如太阳)的电磁辐射或自身发出的电磁辐射而进行的探测。光学摄影亦指通常的摄影,即将探测接收到的地物电磁波依据深浅不同的色调直接记录在感光材料上。扫描方式是将所探测的视场(或地物)划分为面积相等、顺序排列的像元,传感器则按顺序以每个像元为探测单元记录其电磁辐射强度,并经转换、传输、处理,或转换成图像显示在屏幕或胶片上,或制成扫描数字产品。

遥感的分类尽管很多,但依照其分类标志的不同,即可了解不同的遥感分类系统。

1.1.3 遥感及其技术系统

遥感过程是指遥感信息的获取、传输、处理,以及分析判读和应用的全过程。它包括遥感信息源(或地物)的物理性质、分布及其运动状态;环境背景以及电磁波光谱特性;大气的干扰和大气窗口;传感器的分辨能力、性能和信噪比;图像处理及识别;人们的视觉生理和心理及其专业素质,等等。因此,遥感过程不但涉及遥感本身的技术过程,以及地物景观和现象的自然发展演变过程,还涉及人们的认识过程。这一复杂过程当前主要是通过地物波谱测试与研究、数理统计分析、模式识别、模拟试验方法以及地学分析等方法来完成的。遥感过程实施的技术保证则依赖于遥感技术系统。遥感技术系统是一个从地面到空中直至空间,从信息收集、存储、传输、处理到分析判读、应用的完整技术体系,它主要包括以下几部分。

1. 遥感试验

遥感试验的主要工作是对地物电磁辐射特性(光谱特性)以及信息的获取、

传输及其处理分析等技术手段的试验研究。

遥感试验是整个遥感技术系统的基础,遥感探测前需要遥感试验提供地物的光谱特性,以便选择传感器的类型和工作波段;遥感探测中以及处理时,又需要遥感试验提供各种校正所需的有关信息和数据。遥感试验也可为判读应用提供基础,遥感试验在整个遥感过程中起着承上启下的重要作用。

2. 遥感信息获取

遥感信息获取是遥感技术系统的中心工作。遥感工作平台以及传感器是确保遥感信息获取的物质保证。

遥感(工作)平台是指装载传感器进行遥感探测的运载工具,如飞机、人造地球卫星、宇宙飞船等。按其飞行高度的不同可分为近地面工作平台、航空平台和航天平台。这三种平台各有不同的特点和用途,根据需要可单独使用,也可配合启用,组成多层次立体观测系统。

传感器是指收集和记录地物电磁辐射(反射或发射)能量信息的装置,如航空摄影机、多光谱扫描仪等。它是信息获取的核心部件。在遥感平台上装载传感器,按照确定的飞行路线飞行或运转进行探测,即可获得所需的遥感信息。

3. 遥感信息处理

遥感信息处理是指通过各种技术手段对遥感探测所获得的信息进行的各种处理。例如,为了消除探测中的各种干扰和影响,使其信息更准确可靠而进行的各种校正(辐射校正、几何校正等)处理;为了使所获遥感图像更清晰,以便于识别和判读、提取信息而进行的各种增强处理;等。为了确保遥感信息应用时的质量和精度,以及为了充分发挥遥感信息的应用潜力,遥感信息处理是必不可少的。

4. 遥感信息应用

遥感信息应用是遥感的最终目的。遥感应用则应根据专业目标的需要,选择适宜的遥感信息及其工作方法进行,以取得较好的社会效益和经济效益。

遥感技术系统是一个完整的统一体。它是建筑在空间技术、电子技术、计算机技术以及生物学、地学等现代科学技术的基础上的,是完成遥感过程的有力技术保证。

1.2 遥感发展概况及其在林业资源调查中的应用

1.2.1 遥感发展概况

"Remote Sensing"(遥感)一词首先是由美国海军科学研究部的布鲁依特(Pruitt)提出来的。20世纪60年代初在由美国密执安大学等组织发起的环境科学讨论会上正式被采用,此后"遥感"这一术语得到科学技术界的普遍认同和接受,而被广泛运用。而遥感的渊源则可追溯到很久以前,其发展大致可分为两大时期。

1. 遥感的萌芽及其初期发展时期

如果说人类最早的遥感意识是懂得了凭借人的眼、耳、鼻等感觉器官来感知周围环境的形、声、味等信息,从而辨认出周围物体的属性和位置分布的话,那么,人类自古以来就在想方设法不断地扩大自身的感知能力和范围。古代神话中的"千里眼""顺风耳"即是人类这种意识的表达和流露,体现了人们梦寐以求的美好幻想。1610年意大利科学家伽利略研制的望远镜及其对月球的首次观测,以及1794年气球首次升空侦察,可视为是遥感的最初尝试和实践。而1839年达格雷(Daguerre)和尼普斯(Niepce)的第一张摄影像片的发表则是遥感成果的首次展示。

随着摄影术的诞生和照相机的使用,以及信鸽、风筝及气球等简陋平台的应用,构成了初期遥感技术系统的雏形。空中像片的魅力,得到更多人的首肯和赞许。1903年飞机的发明,以及1909年怀特(Wilbour Wright)第一次从飞机上拍摄意大利西恩多西利(Centocelli)地区空中像片,从此揭开了航空摄影测量——遥感初期发展的序幕。

在第一次进行航空摄影以后,1913年,开普顿·塔迪沃(Captain Tardivo)发表论文首次描述了用飞机摄影绘制地图的问题。第一次世界大战的爆发,使航空摄影因军事上的需要而得到迅速发展,并逐渐发展形成了独立的航空摄影测量学的学科体系。其应用进一步扩大到森林、土地利用调查及地质勘探等方面。

随着航空摄影测量学的发展及其应用领域的扩展,特别是第二次世界大战中军事上的需要,以及科学技术的不断发展,彩色摄影、红外摄影、雷达技术及多光谱摄影和扫描技术相继问世,传感器的研制得到迅速发展,遥感探测手段取得了显著的进步，从而突破了航空摄影测量只记录可见光谱段的局限，向紫外和红外波段扩展，并扩展到微波。同时，运载工具以及判读成图设备等也都得到相应的完善和发展。随着科学技术的飞速发展，遥感迎来了一个全新的现代遥感的发展时期。

2. 现代遥感发展时期

1957 年 10 月 4 日苏联发射了人类第一颗人造地球卫星，标志着遥感新时期的开始。1959 年苏联宇宙飞船"月球 3 号"拍摄了第一批月球像片。20 世纪60 年代初人类第一次实现了从太空观察地球的壮举，并取得了第一批从宇宙空间拍摄的地球卫星图像。这些图像极大地拓展了人类的视野，引起了广泛关注。随着新型传感器的研制成功和应用、信息传输与处理技术的发展，美国在一系列试验的基础上，于 20 世纪 70 年代初发射了用于探测地球资源和环境的地球资源技术卫星"ERTS-1"（即陆地卫星-1），为航天遥感的发展及广泛应用，开创了一个新局面。

至今为止，世界各国发射的各种人造地球卫星已超过 3000 颗（大部分为军事侦察卫星，约占 60%），用于科学研究及地球资源探测和环境监测的有气象卫星系列、陆地卫星系列、海洋卫星系列、测地卫星系列、天文观测卫星系列和通信卫星系列等。通过不同高度的卫星及其载有的不同类型的传感器，不间断地获得地球上的各种信息。现代遥感充分发挥了航空遥感和航天遥感的各自优势，已融合为一个整体，构成了现代遥感技术系统，为进一步认识和研究地球，合理开发地球资源和环境，提供了强有力的现代化手段。

现代遥感技术的发展引起了世界各国的普遍重视，遥感应用的领域及应用的深度在不断扩大和延伸，取得了丰硕的成果和显著的经济效益。国际学术交流日益频繁，遥感的发展方兴未艾，前景远大。

当前，就遥感的总体发展而言，美国在运载工具、传感器研制、图像处理、基础理论及应用等遥感各个领域（包括数量、质量及规模上）均处于领先地位，体现了现今遥感技术发展的水平。苏联也曾是遥感的超级大国，尤其在其运载工具的发射能力上，以及遥感资料的数量及应用上都具有一定的优势。此外，西欧各国以及加拿大、日本等发达国家也都在积极地发展各自的空间技术，研制和发射自己的卫星系统，例如法国的 SPOT 卫星系列，日本的 JERS和 MOS 系列卫星等。许多发展中国家对遥感技术的发展也极为重视，纷纷将其列入国家发展规划中，大力发展本国的遥感基础研究和应用，如中国、巴西、泰国、印度、埃及和墨西哥等，都已建立起专业化的研究应用中心和管理机构，形成了一定规模的专业化遥感技术队伍，取得了一批较高水平的成果，显示出发展中国家在遥感发展方面的实力及在应用上的巨大潜力。

纵观遥感近几十年来的发展，总的看来，当前遥感仍处于从实验阶段向生产型和商业化过渡的阶段，在其实时监测处理能力、观测精度及定量化水平，以及遥感信息机理、应用模型建立等方面仍不能或不能完全满足实际应用要求。因此，今后遥感的发展将进入一个更为艰巨的发展历程，为此需要各个学科领域的科技人员协同努力，深入研究和实践，共同促进遥感的更大发展。

从1957年第一颗人造地球卫星升空，拉开了航天遥感的序幕，之后几十年，遥感技术历经从实验室的概念到完整的技术系统；从单一技术的发展到遥感科技领域的确立；从单学科的应用到多学科的综合；从静态资源的调查到动态环境的监测；从区域的分析到全球性的研究；从少数发达国家手中的王牌到国际性普遍掌握的系统。在世界范围内，遥感经历了60年代的奠基，70年代的发展，80年代的巩固，到90年代至今的大发展，已为世人所瞩目。从1994年到2004年的10年中，根据各国的计划可能要发射多达70颗对地观测卫星，人类比任何时候都更需要综合全面地观测和监测我们的地球，这些新型的对地观测系统以高空间分辨率、高光谱分辨率、多角度观测和微波雷达遥感为主导趋势。

自法国SPOT卫星以10m的空间分辨率面世以来，高空间和超高空间分辨率卫星遥感就成了世界上一些国家角逐的一个重要领域。美国的Landsat系列所携带的传感器经历了MSS、TM和1999年4月发射的Landsat7携带的ETM+，空间分辨率由MSS的57m×79m，到TM的30m×30m，再到ETM+的15m×15m（全色波段）；SPOT系列从1986年至1998年共发射了4颗卫星（SPOT1～SPOT4），空间分辨率多光谱波段为20m×20m，全色波段为10m×10m，2002年5月4日发射了SPOT5，空间分辨率多光谱波段为10m×10m，全色波段为5m×5m和2.5m×2.5m。20世纪90年代末，由于一系列技术问题的解决，一些商业对地观测小卫星发射升空，空间分辨率提高到了一个新的水平，开辟了摄影测量和遥感科学的新纪元。最具代表性的是美国Earth Watch公司的Quick Bird（快鸟），空间分辨率达0.6m；Spectral Imaging公司的IKONOS，空间分辨率为1m。以上这些遥感信息源在中国科学院遥感卫星地面接收站或一些代理公司都能购买到，而且图像处理和应用方法非常成熟。

雷达遥感具有特有的全天候、全天时数据获取能力和对一些地物的穿透性能。在遥感发展的初期就已受到国际社会的关注。多角度遥感是一种新型的遥感技术，是遥感发展的一个重要趋势，传统的遥感技术主要是以垂直观测的方式来获取地物光谱的，在假设目标物为漫反射体(即朗伯体)的基础上对资料进行解译和处理。而 Stahler 和李小文等(1985)许多学者的研究结果表明，在遥感图像上，地表亮度除取决于所测地物的几何形态特征和光谱性质外，在很大程度上还与入射光方向和观测方向有关。同时，无论大气或地表，都不是理想的均匀层或朗伯体表面，把地物目标作为漫反射体的假定与实际情况有较大差异，其反射分布必须要用双向反射分布函数(BRDF)来描述。BRDF 建模的主要流派可以分为辐射传输、几何光学和计算机模拟 3 种。这些模型适用于多角度遥感观测资料，垂直观测的遥感信息建立 BRDF 模型需要测量大量参数，其分解算法比较复杂，我国学者李树楷在"863"项目的支持下，完成了"三维机载对地观测技术"的研究，并取得了突破性的成果。

高光谱分辨率遥感是 20 世纪末的最后两个十年中人类在对地观测方面取得的重大技术突破之一，是当前乃至 21 世纪初的遥感前沿技术。光谱分辨率的提高是自遥感发展以来的一个重要趋势，经国际遥感界的共识，光谱分辨率在 $10^{-1}\mu m$ 数量级范围内的称为多光谱(Multispectral)遥感，这样的遥感器在可见光和近红外光谱区只有几个波段，如美国陆地卫星 TM 和法国 SPOT 卫星等；光谱分辨率在 $10^{-2}\mu m$ 的遥感信息称为高光谱(Hyperspectral)遥感。由于光谱分辨率高达纳米(nm)数量级，在可见光到近红外光谱区其光谱通道多达数十甚至超过 100 以上。由于光谱分辨率大幅度提高，这种新型对地观测系统使得精细光谱分析和地物参数定量反演成为可能。

高光谱技术首先由美国加利福尼亚州理工学院喷气推进实验室(JPL)的一些学者提出成像光谱仪的研究计划，并在 NASA 的支持下开始成像光谱仪的概念设计与研究。1983 年，世界第一台成像光谱仪 AIS-1 在美国喷气推进实验室研制成功。JPL 在 AIS-1 的基础上，陆续研制了改进型 AIS-2(1985)和 224 波段可见红外成像光谱仪(AVIRIS)。世界上一些有条件的国家，如加拿大、澳大利亚、法国和德国等，竞相投入大量资本进行成像光谱仪器的研制和应用。中国的高光谱分辨率成像光谱技术研究成果主要体现在硬件发展上，中科院上海技术物理所在"七五"期间研制了多台高空机载遥感实用系统的遥感器，并由实际需要发展了相关的专题应用扫描仪：IR/UV 是为海洋环境航空遥感监测业务系统研制的专用扫描仪；VIS/MIR/IR 3 波段扫描仪是探测森林火灾的专题扫描仪；工作波段 $2.0 \sim 2.5\mu m$ 和 $8 \sim 12\mu m$ 光谱范围的早期 6 波段细分红外光谱扫描仪(FIMS)和热红外多光谱扫描仪(ATIMS)以遥感地质为目标，是地质岩性识别的有效工具。在自然科学基金项目和"八五"攻关项目的推动下，完成了 AMS 19 波段多光谱扫描仪、MAIS 新型模块化航空成像光谱仪实用化系统等。"九五"期间在"863"项目的支持下，完成了实用型模块化航空成像光谱仪系统（OMIS I、OMIS II）、PHI 超光谱成像光谱仪的研制。

在航天领域中，除美国 EOS 计划中的中分辨率成像光谱仪（MODIS）和欧洲空间局的中分辨率成像光谱仪（MERIS）之外，美国、日本、澳大利亚等国也都研制了星载高光谱分辨率成像光谱仪。长春光机所在"863"项目的支持下，研制成功了 C-HRIS 高光谱分辨率成像光谱仪，将我国的成像光谱技术提高到了一个新的水平。近一两年，将有一系列搭载成像光谱仪的卫星计划升天，具有代表性的是美国的 EO-1 卫星、OrbView-3 卫星，NEMO、EOS 计划中的 MODIS 卫星和 ASTER 卫星；欧洲航天局的 MERIS 卫星和澳大利亚的 ARIES 卫星。这标志着成像光谱技术已经达到实用化阶段，也说明高光谱遥感应用的高潮即将到来。美国 EO-1 卫星是 NASA 为接替 Landsat 7 而研制的新型地球观察卫星，星上搭载两种传感器，即高级陆地成像仪（Advanced Land Imager-ALI）和高光谱成像仪（Hyperium）。Hyperium 具有 220 波段，光谱分辨率 10nm，空间分辨率 30m，光谱区间 400～2500nm。

成像光谱技术的特点是将成像技术与光谱技术结合在一起，在对目标对象的空间特征进行成像的同时，对每个空间像元经色散分光形成几十个乃至几百个窄波段以进行连续的光谱覆盖，所获得的图像包含了丰富的空间、辐射和光谱三重信息，既表现了地物空间展布的影像特征，同时也获得了像元或像元组的辐射强度及光谱信息。高光谱分辨率不是基于目视解译的，而是用于进行精细的地物光谱分析和一些地学参数的定量反演。

1.2.2 遥感在林业资源调查中的应用

森林作为生物圈的主体，在地球系统中对水循环、碳循环和能量循环都起着重要作用。1983 年美国宇航局的统计表明，全球 33% 的土地被森林覆盖，90% 的生物量来自森林，65% 的净初级生产力也来自森林。同时森林生态系统作为陆地生态系统的主体，是陆地上面积最大、分布最广、组成结构最复杂、物质资源最丰富的生态系统。随着人口的增多，森林资源的不断减少，准确、实时地获取区域和全球森林变化的有关信息显得尤其重要。森林生态系统每年的固碳量约占陆地生态系统的 2/3 以上，在全球陆地碳循环中起着决定性的作用（Houghton R et al.，2009），准确估算森林碳储量分布是衡量全球碳收支平衡的一个关键因素，同时也可以为地区森林科学经营管理以及碳贸易提供数据基础。如何快速、准确地进行大尺度森林碳储量的估算是近年来区域和全球碳循环研究及生态系统环境质量评估的关键，受到科研人员与政府决策者的广泛关注(Pan Y et al.，2013)。因此，以估算森林碳储量为目标的区域森林生物量制图是国内外近几年主要的研究方向。

植被与光辐射的相互作用对于人类及其生存环境是极其重要的，这不仅是由于植被的光合作用为人类提供了食物，而且这种相互作用还会影响气候，以及水、气、碳等的各种循环，是全球变化的重要一环。植被的生长状况受多种因素的影响，生长过程是一个极其复杂的生物生理过程，研究表明，叶面积指数(Leaf Area Index，LAI)与生物量指数就是这样的参数，可以用来反映作物的生长状况，这些参数的变化体现了植被生长发育的不同状态，与植被的光合作用、作物蒸发、蒸散的过程密切相关，是植被系统净第一生产力计算的基本参数之一，是应用于植被作物监测与估产的一个关键的生态参数，叶面积指数的反演研究在遥感的早期就受到了重视，一直是遥感反演领域的热点和难点。森林参数估算包括传统的外业样地测量与遥感生物量制图两种方法，外业样地调查不仅耗时耗力，而且仅能获得局部区域一些离散"样点"上的森林生物量。相比外业调查，遥感技术在区域大尺度生物量调查方面具有不可替代的优势，将生物量由"点"测量推向"面"测量，可以准确、快速地获取全球或区域尺度的森林生物量(董立新，2008；马利群等，2011)。

近年来，遥感技术应用日益深入和成熟，利用遥感技术进行森林类型识别、分类，森林植被结构参数和生态参数反演取得了许多成功的例子，特别是在用遥感技术估测大区域森林结构参数方面进行了许多研究。尤其是光学遥感，已经在宏观尺度上成功地获取到了全球性的森林分布和分类、森林叶面积指数图、光合有效辐射以及净初级生产力等信息，使人类对地球上的森林二维面状信息已经有了一个全面的了解。森林作为一种三维的客观存在，从理论上讲，要获取叶面积指数的信息，需要同森林空间结构参数建立联系，而传统的单角度观测方式得到的是植被表层的反射或辐射信息，因而直接的反演参数也只能是植被表层参数，其他的参数只能利用植物生理生态的相关关系建立间接的关系。用传统单角度遥感方法进行森林叶面积指数估测时，当叶面积指数很低时就开始出现饱和点，也显得极不稳定。多角度遥感作为一种较新的遥感手段，与单一方向遥感相比，通过对地面固定目标多个方向的观察，将丰富对目标的观测信息，就有可能提取地表更多或更精确的信息。

目前常用的遥感传感器包括光学、合成孔径雷达与激光雷达，传统光学传感器属于单一角度观测，主要获取森林冠层表面的信息，只能提供森林水平方向分布的信息，很难准确提供垂直方向空间分布的信息。随着遥感技术的迅猛发展，尤其是激光雷达(LiDAR)技术的出现，为我国林业资源调查带来了新的机遇与挑战。LiDAR 属于主动遥感,通过激光器发射和接收激光脉冲测定地表物体的位置,由于激光脉冲能量能穿透森林冠层(Lefsky M A et al.,1999),因此,可以获得从森林植被冠层表面到林下下垫面之间详细的空间结构信息(Lefsky,1999)。激光雷达相比传统的光学遥感技术(例如传统摄影测量、陆地资源卫星)和合成孔径雷达技术,在森林冠层垂直空间结构测量方面具有无可比拟的优势(Myneni R B et al.,2002)。极化干涉雷达其全天时全天候的数据获取能力,特别是其对森林的穿透能力,在生物量反演中表现出较大的优势,但目前机载、星载的极化干涉 SAR 数据还都难以获取,主要包括单极化干涉、双频干涉差分、极化干涉、极化层析,但该方法对雷达数据的质量要求较高,处理技术比较复杂,受地形影响大,只适用于没有时间去相干影响的单轨双天线干涉数据。对于时间去相干问题以及均匀植被模型 RVOG 的适用范围正在研究中。

可见每种遥感数据都有其各自的特点与优势,而且森林自身的结构复杂,在水平与垂直方向均呈现出异质性,为了能反映森林的空间结构连续变化信息,这就要求充分利用每种遥感数据的优势,从不同角度反映植被特征空间连续变化,以此提高区域森林参数的反演精度。目前以 LiDAR 为代表的新兴遥感技术成为森林结构参数测量中的重要手段,正发挥着无可比拟的优势。所以,融合 LiDAR 数据与其他遥感数据(光学与微波)进行森林结构参数反演成为研究热点,具有很大的发展与应用潜力。已经有学者分别利用光学遥感、合成孔径雷达与激光雷达联合反演森林生物量,Guo 等(2010)利用环境一号卫星多光谱数据和 ICESat/GLAS 大脚印激光雷达波形数据,进行了森林生物量的反演。Sun 等(2011)利用机载 LVIS 小脚印激光雷达波形数据估测的森林生物量作为真实值,联合合成孔径雷达 SAR 数据进行区域大尺度森林生物量反演。但是,考虑到 SAR 观测采用的斜视成像与处理技术比较复杂,而且受地形起伏干扰影响较大;同时由于传统单一角度垂直观测的光学遥感只能获得森林植被冠层表面水平结构的二维信息,导致当生物量较低时就开始出现饱和点,也显得极不稳定。这是因为传统单一角度垂直观测的光学数据获得的是森林冠层二维面状信息,而森林却是一种三维的客观存在(Qin W et al.,2000;Huemmrich K F,2001)。因此,多角度对地观测成为可选择的具有空间连续成像能力且能反映森林空间结构信息的遥感技术。通过对地表目标多个角度的观测,使目标的观测信息得以丰富,因此有希望通过多角度遥感提取比单一角度观测更为详细可靠的森林空间结构信息,进而联合激光雷达数据为区域森林生物量反演提供新的途径(谢东辉,2005;Koetz B et al.,2007;刘清旺等,

2008)。

目前对于多源遥感数据反演森林参数，大多是利用统计回归训练方法，利用激光雷达数据提取高精度的森林空间参数作为训练数据，光学遥感数据作为空间连续的数据集，着眼于光谱响应与森林结构参数之间的关系，基于植被冠层反射光谱特征的植被指数、LAI、APAR 和图像纹理等参数构建与森林参数的关系间接估算森林参数(Hall R J et al.，2006)。这种方法受环境影响较大，而且物理含义不明确，没有真正从机理上研究森林三维结构与遥感信号的关系，所以影响森林参数反演精度，同时也是限制模型推广的主要原因。针对以上森林参数估算的关键问题，本研究构建近真实森林三维场景，改进得到基于相同森林场景的激光雷达与光学多角度遥感物理模型，用于模拟激光雷达波形数据与多角度双向反射分布函数(BRDF)，借助激光雷达波形数据提取并优化波形参数(LiDAR Metrics)用于提高森林参数反演精度，同时分析 BRDF 信号与森林参数的潜在关系。研究基于机理模型的遥感数据反演功能，减小对环境条件的依赖，充分发挥每种遥感数据的优势。同时物理模型有助于我们了解各种遥感信号与森林结构组分的相互作用机理，改进森林结构参数反演的方法并提高反演精度(Wang Q et al.，2013；王强等，2016)。我们希望就基于激光雷达和多角度遥感数据进行区域森林参数制图开展更为深入的研究。这将有助于提高我国卫星数据的利用率，提高我国森林资源自动化监测能力，及时准确地了解并掌握我国森林资源状况与变化情况。

1.3 多角度遥感的由来与发展

近年来，遥感技术应用日益深入和成熟，利用遥感技术进行森林类型识别和分类、森林植被结构参数和生态参数反演取得了许多成功的例子，特别是在用遥感技术估测大区域森林结构参数方面进行了许多研究。尤其是光学遥感，已经在宏观尺度上成功地获取到了全球性的森林分布和分类、森林叶面积指数图、光合有效辐射以及净初级生产力等信息(谢东辉，2005；Koetz B，2007)，使人类对地球上的森林二维面状信息已经有了一个全面的了解。森林作为一种三维的客观存在，从理论上讲，要获取叶面积指数的信息，需要同森林空间结构参数建立联系，而传统的单角度观测方式得到的是植被表层的反射或辐射信息，因而直接的反演参数也只能是植被表层参数，其他的参数只能利用植物生理生态的相关关系建立间接的关系。用传统单角度遥感方法进行森林叶面积指数估测时，当叶面积指数很低时就开始出现饱和点，也显得极不稳定。多角度遥感作为一种较新的遥感手段，与单一方向遥感相比，通过对地面固定目标多个方向的观察，将丰富对目标的观测信息，就有可能提取地表更多或更精确的信息，这有待于进一步的研究证明（李小文等，2001）。

国际上正在致力于全球尺度的资源与环境问题的系统观测和研究，这需要为其提供大范围地表的状况和动态变化的信息，其中地面目标三维空间结构信息的获取是重要的组成部分，同时也是定量遥感研究要解决的重要问题。传统的单一角度遥感只能得到地面目标一个方向的投影，缺乏足够的信息来推断一个像元的主要地物波谱和空间结构，从而使定量遥感非常困难。与单一角度遥感相比，多角度对地观测通过对地面固定目标多个方向的观察，使得对目标的观测信息得以丰富，因而有希望从中提取比单一角度观测更为详细可靠的地面目标三维空间结构信息，为定量遥感提供新的途径。

传统单一角度遥感数据应用到反演叶面积指数、吸收光合有效辐射、净初级生产力、郁闭度、树高、蓄积量、地上生物量等众多森林生物物理参数中，从遥感影像中提取叶面积指数通常有三种途径：通过植被指数建立经验关系；混合像元分解（Hall F G et al.，1995；Peddle D R et al.，1999）；基于冠层辐射传输模拟方法提取（Asner G P et al.，1998；Dawson T E，1998）。吸收光合有效辐射是通过光合利用模型实现的：首先要用遥感数据估算光合有效辐射和植物吸收比例，而后者是植被类型和归一化植被指数的函数。净初级生产力的估算模型分为参数模型和过程模型。前者以光能利用率为基础，进一步分为大叶模型、多层模型、两叶模型，后者描述生态系统中的各种作用过程，如BEPS 模型。随着研究的深入，科学家发现，光学遥感对叶子色素敏感，可以反演全部与叶子和冠层有关的信息，但是由于单方向的遥感只能得到地面目标一个方向的投影，缺乏足够的信息来推断目标的空间动态结构，因此在反演树高、蓄积量、地上生物量等森林参数时，效果不好。与此相比，多角度对地观测通过对地物目标动态、多个方向的观察，能够丰富目标的观测信息，为定量遥感提供更新更优的途径。

近年来，多角度遥感作为一种新的观测方式，是研究的一个热点。从理论上讲，多角度遥感在传统单角度观测的模式下，增加了角度维的信息，既有从正上方俯视观测，也有从斜上方侧视观测，因而有可能观测到森林场景中的树干部分、与树高有关的不同的阴影量，这样就为反演森林的树高和生物量等空间结构信息提供了可能。因此，伴随着真正意义上的多角度卫星遥感数据的出现，多角度遥感的应用也在蓬勃展开（Zhang Y et al.，2002）。Asner 等（1998）认为光谱信息与多角度信息相结合，可以进一步提高某些生态参数的反演精

13

度。多角度观测是当前遥感发展的一个重要方向，它为气溶胶类型、云的形态和云高、土地覆盖类型等自然景观特征参数的反演提供了条件，同时也为许多重要的气候、环境、生态问题研究提供了有用的信息（David J Diner et al.，1999）。在本章上面提到的主要的星载数据源中，POLDER 视场最大的特点是适合做全球监测，目前已经成功用于全球叶片聚集指数的制图（Chen J M et al.，2005）。国外有报道使用 MISR 数据反演苔原和泰加林过渡区域的覆盖度和树高（Heiskanen J，2006），使用 MISR 数据在荒漠区以及森林区进行森林制图以及树高、生物量等结构参数的获取（Marking C et al.，2007；Chopping M et al.，2006）。国内也有人使用 MISR 数据建模反演草场生物量（冯晓明，2006）。对于 CHRIS 数据开展的研究时间较短。国内虽然使用过 CHRIS 数据，但是将其作为一种高光谱数据源来使用，没有充分利用多角度观测获得的地物三维立体结构信息。

　　遥感反演研究采取的途径主要有三种：(1)基于物理模型：从物理模型模拟出发，根据足够多的情况建立大数据量的查找表，将观测数据与之匹配进行反演；(2)基于半经验半物理模型：从物理模型模拟出发，通过分析大量模拟数据，寻找与参量之间的统计关系，建立反演算法；(3)基于经验模型：从图像观测值出发，通过实测或者第三方数据进行统计回归，构造反演算法。

　　在多角度数据的应用中，目前主要还是采用统计回归或者人工神经网络等方法（Heiskanen J，2006；Kimes D S et al.，2006），虽然有的研究涉及简单的核驱动模型或者 5 尺度模型（Chopping M，2006；Chen J M et al.，2005），但结合植被 BRDF 模型的工作仍有待加强，一些很成熟的辐射传输模型应该在多角度数据的研究中体现出来，相关工作则刚刚开始。一些研究团队将 CHRIS 数据作为一种高光谱数据来使用，角度间的差异更多地被视为误差来源，没有反映出多角度的优势。另外在数据应用中有一些比较实际的问题，如数据预处理技术、数据质量好坏（如云的多少）等，影响了多角度数据的广泛应用。

1.4　激光雷达遥感概况与发展

1.4.1　激光雷达应用现状

　　由于传统的光学遥感技术在垂直分辨率上的局限，基于遥感数据的林木高度和垂直结构信息的获取一直未能获得突破，主要靠人工获取，大大限制了遥感技术在森林调查中的应用，也降低了遥感在估测森林蓄积量、生物量、森林结构等方面的精度，从而使得遥感仅能获得一些定性的信息，不能定量获取森林参数。激光雷达(LiDAR)是近年来国际上发展十分迅速的主动遥感技术，在森林参数的定量测量和反演上取得了成功的应用。激光雷达具有与被动光学遥感不同的成像机理，给林业遥感带来了重大突破，对植被空间结构和地形的探测能力很强，特别是对森林高度和垂直结构的探测能力，具有其他遥感数据难以比拟的优势。波形激光雷达系统自 20 世纪末美国宇航局(NASA)发起研究以来，就在林业应用方面展现出巨大的潜力。

用激光雷达数据估测森林参数一般采用统计分析的方法建立各种回归模型进行估测，模型自变量参数包括树高、胸径、林分密度等。因此，对森林生物量等参数的估计首先需要用激光雷达数据获得树高、胸径、林分密度等参数。Holmgren 等在 2003 年用两个回归模型估测森林蓄积量，第一个模型以激光雷达估测的树高与树冠面积作为自变量，估测生物量与实测蓄积量的相关系数(R)为 0.9，均方根误差(RMSE)为平均蓄积量的 22%，第二个模型以激光雷达估测的树高和林分密度作为自变量，相关系数(R)为 0.82，RMSE 为平均蓄积量的 26%，研究认为用 LiDAR 数据结合地面样地调查可以估测森林的树高和蓄积量。Popescu 等在 2004 年用小脚印 LiDAR 数据和多光谱数据进行面积大小为 0.017ha 的样区蓄积量和生物量的估测，首先利用局部最大值法得到单木树高和冠幅大小，其次利用统计回归模型计算每棵树的胸径和胸高断面积，根据单木生物量和蓄积量公式分别计算每棵树的生物量和蓄积量，结果表明，对于阔叶林生物量反演值的 RMSE 为 44mg/ha，针叶林为 29mg/ha，阔叶林的蓄积量估测 RMSE 为 52.84m³/ha，针叶林为 47.9m³/ha，而且联合两种数据源比仅用激光雷达数据进行森林生物量与蓄积量的反演精度有所提高。Aardt 等(2006)采用密度较低的小脚印激光雷达点云数据来反演树高和蓄积量，首先对点云数据进行归一化处理，然后提取均值、变差系数、峰度与分位数高度等统计量，最后针对阔叶林和针叶林两种林分建立点云统计量与生物量的多元统计回归方程。Popescu 在 2007 年研究了 LiDAR 反演针叶林的单木生物量，首先利用激光雷达估测单木树高与冠幅大小，然后采用统计回归模型估测单木生物量、胸径和树木不同组分的生物量，通过与样地实测数据比较分析，单木生物量相关系数(R)为 93%，胸径为 90%，组分生物量为 79% ~ 80%。Qi 等在 2007 年研究利用 LiDAR 数据反演森林蓄积量，研究并提出一个由小脚印激光雷达点云数据得到的冠层体积用于估测森林蓄积量，同时与其他参数表比较认为这个新参数具有较好的反演结果($R^2 = 0.79$)。Lucas 等在 2008 年研究了小光斑 LiDAR 和 CASI 高光谱遥感数据联合提取森林生物量的方法，研究结果表明，单木生物量和回归样地尺度的生物量估算在成熟、树种单一和郁闭度相对较低的林区结果较好。刘清旺等在2010年对机载LiDAR数据用于单株木生物量反演进行了研究，研究首先将点云数据进行滤波处理，然后生成冠层高度模型(CHM)，再采用优化的单木树冠特征识别算法估算树高、冠幅等参数，通过建立估测参数与实测参数(树高、冠幅、胸径)之间的最优回归方程，并利用单木生物量生长方程，进行单木生物量估测。结果表明，由小脚印LiDAR点云数据得到的单木估测参数与样地实测参数显著相关，相关系数的平方(R^2)为0.729。庞勇等(2005，2012)使用小脚印机载激光雷达点云数据，结合逐步回归方法进行了小兴安岭研究区森林植被组分生物量的反演研究，结果表明由LiDAR提取的树高、林分密度与森林对应组分的生物量具有很强的相关性，R^2均达到0.6以上。

Drake等(2002)利用LVIS数据分析了基于机载大光斑LiDAR数据进行样地尺度森林生物量反演的可行性，结果表明波形参数与森林生物量的相关性达到0.93；Lefsky等(2005)使用GLAS数据对森林高度/生物量进行了估算。LiDAR以其对森林垂直结构的直接测量和在森林生物量反演方面的优异表现而被广泛认可，但其数据获取成本较高，机载激光雷达数据仅用在小范围的森林高度/生物量制图中。而星载激光雷达系统不具备面成像功能，只能以点采样的形式工作。由点到面的扩展则需要借助于其他传统的数据源来完成。如Lefsky在2010年发布的全球森林高度图是通过光学MODIS数据完成由点到面的扩展的。与Simard同一单位的Sassan等(2011)依靠GLAS数据，同时借助于光学、雷达数据和地形数据完成了全球热带雨林的森林生物量制图。Wang等(2016)利用2005年与2006年两年的GLAS与MODIS数据，结合气象辅助数据与高程数据完成了全球树高分布制图。

综合以上可以看出，由于机载激光雷达数据获取的复杂性，目前国内机载LiDAR技术用于森林资源调查的研究较少，为数不多的研究主要集中在基于高采样密度的机载点云数据的森林参数反演和单木识别的研究中，由于尚无机载大脚印波形数据，所以该方面研究主要集中在国外。国外以LiDAR与森林植被组分相互作用机理与模型建立模拟为基础理论，在森林参数反演理论和方法方面都开展了较多的研究。相比而言，国内开展这方面的研究较少。同时，针对LiDAR数据的波形校正也是目前机载激光雷达研究的热点，许多学者开展了激光雷达回波信息校正的理论研究，有效地评价纠正结果对森林参数反演精度的影响。

1.4.2 激光雷达技术的发展

近年来，遥感技术的发展趋势是融合多源遥感数据应用于森林分类、空间分布监测与结构特征信息提取（何红艳等，2007；李德仁等，2012）。光学遥感发展较早，技术比较成熟，人们首先想到联合激光雷达与光学遥感进行区域森林生物量反演。Popescu 等（2004）融合小脚印激光雷达数据和多光谱数据进行森林生物量的估测，结果表明，融合数据比仅用 LiDAR 数据进行森林参数估测精度高；Lefsky 在 2010 年发布的全球森林高度图是通过 GLAS 与光学MODIS 数据完成由点到面的扩展的；Guo 等（2010）利用环境一号卫星多光谱数据和 ICESat/GLAS 大脚印激光雷达波形数据，进行了森林生物量的反演；Hill 等（2010）利用小脚印 LiDAR 点云数据在获得树高的基础上，融合多光谱遥感数据对热带雨林树高利用神经网络模型和样地实测数据对森林地上生物量进行反演；庞勇等（2011）以 GLAS 估测森林生物量结果为真值，建立生物量与MERIS 波段反射率值以及植被指数等数据的相关关系，对湄公河区域进行了大范围的森林生物量专题图制作。综上所述，在由点向面进行森林生物量扩展的研究上取得了一定进展，但是由于传统单一角度遥感受观测角度范围的限制，主要获得的是森林冠层表面的信息，所以在森林生物量反演精度上受到一定的限制。这使得部分学者将目光投向对植被有一定穿透能力的合成孔径雷达（SAR）的研究上。Zhang 等（2008）基于 GLAS 波形参数和 ALOS PALSAR 数据后向散射信息，使用神经网络模型实现森林参数空间无缝反演；Sun 等（2011）利用机载 LVIS 小脚印激光雷达波形数据估测的森林生物量作为真实值，融合合成孔径雷达 SAR 数据进行区域大尺度森林生物量反演。但是，由于合成孔径雷达处理技术复杂，而且受介电常数、地形变化影响较大，对生物量变化的敏感性大大降低，在区域大尺度森林生物量反演应用中受到限制。

考虑以上情况，融合激光雷达与多角度光学遥感为森林生物量反演提供了新的方法，Kimes 等（2006）利用大光斑机载激光雷达（LVIS）提取树高，使用神经网络模型训练机载 AirMISR 多角度光学遥感数据，构建不同波段不同角度相互组合的经验模型，获得空间连续的树高估计值（$R^2 = 0.9$）。Janne（2006）利用地面数据结合神经网络模型训练星载 MISR 多角度数据，对研究区进行树高与郁闭度的反演。Chopping 等（2009）将激光雷达获得的树高与星载 MISR 多角度数据通过几何光学模型提取的树高进行比较，发现具有较高的相关性；Chopping 等（2011）使用几何光学冠层反射模型对 MISR 多角度数据的红光反射率信息进行计算，获取准确的森林地上生物量。研究表明，当前在传统单一角度光学遥感与激光雷达受自身条件限制的情况下，融合激光雷达与多角度遥感有希望解决由点到面的高精度森林生物量反演问题。同时发现，当前融合激光雷达与多角度遥感研究主要采用参数的训练方法，物理含义不明确。而多角度遥感通过机理模型反演森林参数取得了较好的精度，在这种情况下，我们应考虑如何实现基于物理模型的多源遥感数据之间的有效协同，这亟待进一步研究。

第2章 多角度光学遥感技术

国际上正在致力于全球尺度的资源与环境问题的系统观测和研究，这需要为其提供大范围地表的状况和动态变化的信息，其中地面目标三维空间结构信息的获取是重要的组成部分，同时也是定量遥感研究要解决的重要问题。传统的单一角度遥感只能得到地面目标一个方向的投影信息，缺乏足够的信息来推断一个像元的主要地物波谱和空间结构信息，从而使定量遥感非常困难。与单一角度遥感相比，多角度对地观测通过对地面固定目标多个方向的观察，使得对目标的观测信息得以丰富，因而有希望从中提取比单一角度观测更为详细可靠的地面目标三维空间结构信息，为定量遥感提供新的途径。

2.1 多角度遥感的理论基础

许多研究结果表明，把地物目标作为漫反射体的假设与实际情况有较大的差异，自然界中无论大气或地表，都不是理想的均匀层或者朗伯表面，而是在垂直方向上有空间结构的变化。因此其反射分布必须要用双向反射率分布函数（BRDF）来描述，即反射不仅具有方向性，而且这种方向性还依赖于入射的方向。BRDF 是物体表面的固有性质，科学界公认它是由空间结构与地物材料波谱共同决定的。根据 Gersal 等（1986）的研究结果，多角度的反射光谱对地物（特别是植被）结构特征的估算及类型鉴别比垂直光谱有明显的优越性。主要原因是物体的光谱反射值除与物体的物质结构组成有密切关系，更主要取决于物体的几何形态和空间分布（Ranson K J et al.，1985；张仁华等，1991）。

与传统的单一方向遥感相比，观测方向增加使得遥感信息量增加，如果能够继续增加观测方向，通过对地面固定目标多个方向的观察，将丰富对目标的观测信息，就有可能提取地表更多或更精确的信息，使提取地面目标的三维空间结构参数更为详细可靠。近 30 年来，各国科学家对森林遥感冠层辐射传输的定量与模拟做了大量工作，目前已有的许多多角度遥感模型，按其理论基础可归纳为四类：几何光学模型、辐射传输模型、混合模型、计算机模拟模型

（Goel N S，1988；Myneni R B et al.，2002）。其中混合模型实际上是几何光学模型和辐射传输模型结合的产物。而随着研究的深入，越来越多的模型不再局限于采用单一的理论和方法。

欧洲发起的"辐射传输模型间的相互比较"（RAMI）项目是对描述地表反射的辐射传输模型进行比较验证而进行的试验活动，该项目在 1999 年、2002 年、2005 年先后进行了三期，在 2009 年完成了第四期的模拟试验，RAMI 试验的第一、二阶段，证实了大多数的一维辐射传输模型在较简单的连续植被辐射传输问题上，能取得较好的二向性反射模拟结果，当考虑复杂的真实场景时，模型结果之间表现了较大的差异。RAMI 试验第一和第二阶段在总结比较均匀连续植被假设下的辐射传输模型的基础上，第三阶段的重点是比较考虑了植被三维结构的辐射传输模型，以提高模型的精度和适用范围。第四阶段的计划已经在网上列出，在考虑植被三维结构的基础上进一步深入，将三维场景划分为抽象（近似）三维场景与真实三维场景，将二者进行比较，且将模拟波段从红光—近红外范围扩展到短波。RAMI 试验系统比较了目前主要的植被辐射机理模型，参与 RAMI 试验的各阶段的辐射传输模型在上面的网站中均有详细介绍，个别模型有公开代码。

参与 RAMI-3 试验的模型简介：

1）ACRM

计算均匀冠层辐射传输的两层模型，耦合了多波段 MSRM 和 SAIL 模型，分别计算冠层单次和多次散射。该模型考虑了土壤的非朗伯反射特性、叶片镜面反射作用、热点效应、叶倾角分布和行效应。

2）MBRF

该模型也是针对均匀连续植被冠层的，其特点在于考虑了冠层中茎干、冠层组分的非随机分布和叶面积体密度随高度非均匀分布对 BRDF 的影响，另外热点纠正函数也采用了更接近真实叶片形状的矩形，同时考虑了叶倾角分布。

3）Sail++

该模型是对 SAILH 模型的改进版本，主要体现在：SAILH 模型将辐射通量近似为四个通量：太阳直射通量、下行漫射通量、上行漫射通量和观测方向通量，而 Sail++模型则将两个漫射通量更精细化表示，把上下半球空间离散化为 72 个角度，这样原来的上、下行漫射通量就变为 72 个，计算得到的 BRDF 随角度分布也更为精细。

4）1/2-discrete or Semi-discrete

该模型的建模思路也是将冠层 BRDF 分解为单次散射和多次散射，并分别计算，考虑了热点效应。与 ACRM、SAILH 模型的主要区别在于：多次散射使用离散坐标法来计算。

5）2-Stream

该模型将冠层的辐射反射通量分解为：完全来自叶片的反射（使用 Meador &Weaver 的 2-Stream 算法来计算，因此称为 2-Stream）、完全来自土壤背景的反射和冠层叶片及土壤间的多次散射，和以往的 Kuusk、覃文汉和 Verhoef 等采用的方法近似相同。

6）5Scale

该模型是基于几何光学模型的思想来计算森林冠层的 BRDF。冠层分为 5 个尺度来描述：树冠垂直分布、树冠水平随机分布、树冠水平非随机分布、树冠内枝条结构描述和叶片组分光谱特性模型。考虑了树冠间的多次散射，树冠内的多次散射被忽略。

7）FLIGHT

该模型是基于蒙特卡罗的森林冠层反射计算机模拟模型。树木冠层、冠层内组分通过一些统计结构参数来描述，然后根据光子追逐算法，模拟冠层 BRDF。

8）4SAIL2

该模型是对 SAILH 模型的改进版本，表现为：冠层分为上下两层，考虑了冠层组分的集聚效应、土壤非朗伯反射特性，数值运算更为快速和稳定。

9）Frat

该模型是 Drat 模型（见 12））的正向光子追逐算法版本。

10）FRT

森林冠层几何光学-辐射传输混合模型，树冠用椭球体、圆锥体等描述，考虑了树冠水平非随机分布、树冠内枝条结构描述和叶片组分光谱特性模型。多次散射采用了水平均匀冠层来近似计算，这是和 5Scale 模型的一个区别。

11）DART

该模型可模拟复杂 3D 场景的辐射传输过程，如城市及（或）考虑地形起伏、耦合大气贡献的地表景观辐射信息。其具有模拟可见/近红外及热红外波段地物辐射特性的能力。

12）Drat

该模型是基于真实场景的蒙特卡罗光子追踪模拟模型。场景中叶片可以是三角形、球形、圆柱体、椭球体、椭圆体、Bezir 面片等形状。

13）Hyemalis

该模型用于复杂三维景观的辐射传输和遥感图像模拟，太阳辐射传输过程采用辐照度方法来模拟，耦合了大气辐射模型、传感器参数模型。

14) MAC

该模型是冠层多尺度解析模型。

15) Rayspread

该模型是 Raytran 模型(见 16))的改进版本，采用了方差减小加速算法提高运算速度。

16) Raytran

该模型是基于场景的光子追逐模拟模型，可以模拟任意复杂景观的方向性反射特性，运算量大，速度慢。

17) RGM

该模型是计算机模拟模型，植被结构的生长采用 L 氏系统来模拟，用辐照度方法来计算辐射通量的辐射传输。模型能给出 BRDF、albedo、fAPAR、四分量等结果。

18) Sprit3

该模型是计算机模拟模型，特点在于快速模拟大尺度(公里级)遥感图像。

以上模型极大地推动了多角度模拟研究的发展，参与项目的模型总共 18 个。RAMI 试验系统比较了目前主要的 1-D 和 3-D 辐射传输模型，前三期模拟表明大多数的辐射传输模型在简单的辐射传输问题上能取得较好的一致结果，当考虑复杂的真实场景时，模型结果之间表现了较大的差异。因为 RAMI 试验的目的是寻找适用于不同现实场景的模型，所以在 RAMI-IV 的实验阶段将场景分为抽象场景和真实场景，比较模拟结果寻找合适的模型。RAMI 试验的开展标志着辐射传输模型的发展日益完善和成熟。

2.2　多角度遥感传感器现状

多角度遥感最初都是机载的，一般采用超过 90°的大视场角 CCD 面阵成像技术成像。在经历了机载测试阶段后，多角度对地观测技术进入了星载阶段，标志性事件是 1995 年的星载 ATSR-2 传感器的发射成功。早期的星载多角度传感器虽然实现了不同角度的对地观测，但是由于其观测角度少，对地表的观测很不全面，不利于地面参数的反演。随着遥感技术的发展和对地观测的需要，相继多种搭载多角度传感器的卫星发射成功，这里多角度传感器概念仅指的是在很短时间内获得对地表同一区域至少三个方向的观测。下面按照出现的时间顺序逐一介绍目前符合这个标准的卫星传感器。

2.2.1 POLDER 传感器

POLDER 传感器是法国空间局(CNES)与日本空间局(JAXA)合作的产物。ADEOS-I 与 ADEOS-II 两颗卫星分别搭载 POLDER 1 传感器、POLDER 2 传感器，从 1996 年到 2003 年，两个传感器总共收集了不到 2 年的资料。

POLDER 有 9 个光谱波段，POLDER 提供复杂的双向反射分布函数(BRDF)采样方式，尤其是在主平面和垂直主平面上。POLDER 传感器具有的大视角和变轨能力可以在相邻两天内形成对地物多个观测角度的数据，对每个目标点每天都会有一个新的角度范围，从而可以采集到非常密集的双向反射率观测值。

POLDER 系列传感器可以对地气系统反射的太阳辐射的方向和偏振度进行全球观测。而且可以把大气散射的辐射跟地表反射的辐射区分开。与其他的探测器相比，它具有以下几个特点：①对太阳光谱的可见光及近红外波段进行偏振反射率观测；②在卫星飞行时对同一地面目标，仪器在沿轨道方向可实现多角度的观测。当某一目标位于两次摄像的重叠区之内，则可得到该目标不同观测角度的数据。单个轨道期间，最多能够在 16 个不同的视角下观测同一目标。把多次通过时的观测结果结合起来，便可获得双向性反射率分布函数和双向性偏振分布函数(BPDF)比较完整的取样。

2.2.2 MISR 传感器

作为美国 EOS/TERRA 所载的新型传感器之一，MISR 于 1999 年 12 月升空。其由 9 个四波段的 CCD 相机组成，分别以不同的角度观测地面，从而构成了对地面目标的多角度观测。图 2.1 所示为 MISR 工作示意图。

MISR 数据具有以下特点：

(1) 4 个波段分别为蓝、绿、红及近红外，其中心波段分别为 446nm、558nm、672nm、867nm。

(2) 总共有 9 个观测角度，分别为 0°、±26.1°、±45.6°、±60°、±70.5°。9 个角度沿卫星飞行路径方向向前或向后展开。在大约 7 分钟的时间内，可以获得同一点 9 个角度的全部图像，观测可以覆盖 360 千米宽的地表条带范围。

(3) 空间分辨率的两种模式：275m(像底点空间分辨率 250m)和全球低分辨率(1.1km 和 17.6km)。

(4) 辐射精度高。仪器灵敏度高，在不改变增益的条件下可以探测景物反

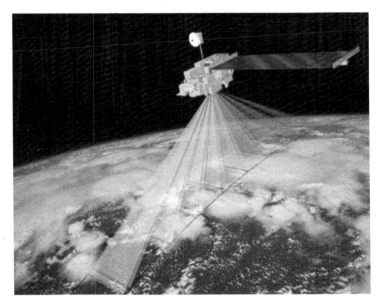

图 2.1　MISR 工作示意图

射率 0.02% 至 100% 的变化。

(5)配准与辐射定标(绝对与相对)精度高。发射前摄像头经过精密的配准,同时每月根据地面实验对在轨环境进行校正,以确保 MISR 与 Terra 上的其他传感器,以及与 Landsat 的严格配准和定量对比。

MISR 数据 9 个角度的对地观测,也对地表的反射特性作出了更细致的刻画,通过这些观测,可以更准确地计算地表半球反射率,即反照率。对于植被冠层,精确的反照率可以推导出更为准确的光合作用(Photosynthesis)、蒸腾速率(Transpiration Rates)、光合有效辐射(Photosynthetically Active Radiation, PAR),这些参数在描述大气与植被冠层间相互作用的模型中起重要作用。此外,研究者可以根据地面测量或冠层方向反射特征的三维模拟,来模拟植被冠层的结构变量(如 LAI、叶倾角统计 LAD、茎/支/干的比例等)。多角度 MISR 数据可提供许多地表覆盖类型的方向反射信息,这些角度信息有助于改善植被监测的精度(冯晓明,2006)。

2.2.3　CHRIS 传感器

CHRIS(Compact High Resolution Imaging Spectrometer)传感器搭载于

PROBA-1(Project for on Board Autonomy)小卫星,由欧洲太空局于2001年10月22日发射升空,轨道高度615km,太阳同步极低轨道卫星,重访周期7天,空间分辨率18m,每景图像宽14km,可以实现沿轨观测和横向观测。我们可以从官方网站上了解CHRIS传感器的各种参数与数据的介绍。

  CHRIS传感器由英国SIRA公司研制,传感器系统的天顶角等于一套预先设定的飞经天顶角(FZA=0°,±36°,±55°),如图2.2所示,沿轨观测可以提供一套5个角度的高光谱反射率图像,而横向观测功能使传感器在3日内可以提供轨向两侧另外两套多角度图像。实际获取的角度不一定等于名义的5个角度,FZA可以通过图像中心时间计算出来。数据元文件提供观测的包括观察方位角(VAA)和观察高度角(VZA),而不是FZA。并且CHRIS传感器有5种正式的图像模式,如表2-1所示,根据具体应用(如陆地或水体)分别有不同的波段设置和地面采样密度。

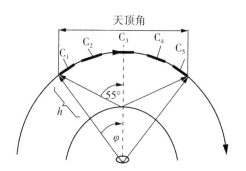

图2.2 观察角度间的相对关系(引自Cutter,2004)

表2-1   **CHRIS传感器5种图像模式**

模式	波段	范围(nm)	扫描宽度	星下点分辨率(m)
1. Land channels	62	406～1003	Full	34
2. Water bands	18	406～1036	Full	17
3. Land channels	18	438～1035	Full	17
3A. Land channels (For San Rossore)	18	420～910	Full	17
4. Chlorophyll band set	18	486～796	Full	17
5. Land channels	37	438～1036	Half	17

2.3　CHRIS 多角度遥感数据介绍

遥感数据预处理一般是指几何纠正和大气纠正两部分工作,条带噪声严重时需要去条带。在数据预处理之前,本节首先介绍一下 CHRIS 多角度数据的特点、形式与读取方法。

2.3.1　数据形式

CHRIS 数据是以 HDF 的格式存放的,其组织形式是基于元数据机制。每一个文件包含了数据的元数据描述与索引和原始数据。原始数据是辐射亮度图像(RCI),单位是 $\mu W \cdot nm^{-1} \cdot m^{-2} \cdot str^{-1}$,都是 BSQ 数据格式。数据元文件包括传感器类型、数据所有权、目标名称、成像日期、图像序号、图像编号、目标经度、目标纬度、目标海拔、飞经天顶角、最小天顶角、太阳天顶角、飞经时间、图像中心时间、观察天顶角、观察方位角、工作模式、行数、列数、波段数、平台实际高度、响应文件产生时间、暗文件产生时间、定标数据单位、传感器温度、模板值。太阳天顶角和飞经时间都是参考值,确切的太阳天顶角和方位角要通过图像中心时间进行计算。响应文件产生时间及以后的项都可视为定标参考之用,对图像应用可不涉及。由于仅使用一个传感器摆动实现不同角度的推扫成像,相邻图像传感器扫描方向相反。

2.3.2　数据读取

CHRIS 数据读取有很多的现成软件,如 HDFExplorer,NCSA 的 JHV,ESRI 的 NoeSys 等,它们可以浏览 hdf 文件,但是不能以图像的形式查看数据,所以本节利用遥感处理常用的 ENVI 软件读图像,利用 HDFExplorer 软件读取试验数据成像时间,该地区实验数据成像时只得到 3 个观测方向的数据,使用 HDFExplorer 软件读取的试验数据成像信息如表 2-2 所示。再根据成像时间、星历关系,计算得到太阳位置天顶角 30.97°,方位角 150.76°,如图 2.3 所示。

表 2-2　　　　　　　　　　试验区数据成像信息

观测方位角(°)	图像编号	成像时间	观测天顶角(°)
190.96	815A	02:02:43	55.24
156.98	8156	02:25:06	4.54
189.03	8158	02:25:55	35.69

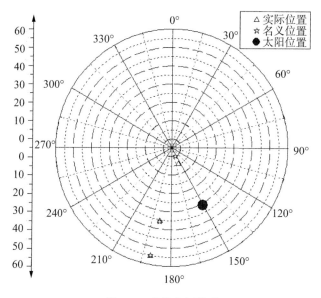

图 2.3　成像几何关系

根据具体应用(如陆地或水体),分别有不同的波段设置和地面采样密度如表 2-3 所示。CHRIS 多角度成像示意图如图 2.4 所示。

表 2-3　　　　　　　　CHRIS 数据模式 3 的波段设置(单位：nm)

波段	中心	最小值	最大值	宽度
L1	442	438	447	9
L2	490	486	495	9
L3	530	526	534	8
L4	551	546	556	10
L5	570	566	573	7
L6	631	627	636	9
L7	661	656	666	10
L8	672	666	677	11
L9	697	694	700	6
L10	703	700	706	6

续表

波段	中心	最小值	最大值	宽度
L11	709	706	712	6
L12	742	738	745	7
L13	748	745	752	7
L14	781	773	788	15
L15	872	863	881	18
L16	895	891	900	9
L17	905	900	910	10
L18	1019	1002	1035	31

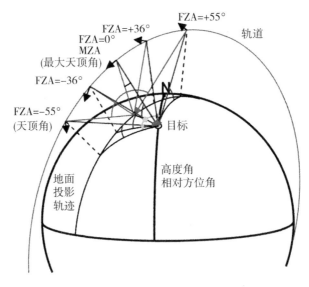

图 2.4　CHRIS 多角度成像示意图

2.4　CHRIS 多角度遥感数据预处理

多角度高光谱传感器能同时获得空间与光谱信息，可以通过不同角度观测获取更丰富的森林结构信息（赵英时，2004）。在获取遥感数据的过程中会产生一系列的误差，这些误差降低了遥感影像的质量，同时影响影像的反演精度。因此，在利用影像进行分类或者反演之前，有必要对遥感原始影像进行预处理，减小遥感影像在几何与辐射上的误差，即对传感器成像过程中产生的形变、扭曲、大气影响等方面进行纠正（王殿中，2008；Cutter M A，2006）。

针对多角度遥感影像在提取地面目标二向性反射分布函数信息 BRDF（Bidirectional Reflectance Distribution Function）之前，需要对影像进行预处理工作：首先大气校正，与传统的垂直观测遥感方式不同，多角度遥感大气校正方案还需考虑非朗伯体特性以及邻近像元的影响；其次是多角度影像正射几何纠正，由于观测方位角与天顶角变化导致地物在影像上的投影已经发生了形变，寻找同名地物控制点相当困难，多角度影像之间的精确配准问题成为限制多角度遥感技术应用推广的制约因素。

多角度传感器分为星载与机载两种，目前主要有美国的 MISR（Multi-angle Imaging Spectral Radiometer）多角度传感器搭载在 EOS/TERRA 卫星上，其由 9 个四波段的 CCD 相机组成，9 个观测角度（分别为 0°、±26.1°、±45.6°、±60°、±70.5°），同时搭载的 MODIS 传感器，通过卫星轨道漂移形成累积连续多天的多角度观测数据（http://www.rsad.co.uk/chris/mission/instrument.htm；董广香等，2006）；法国空间局（CNES）与日本空间局（JAXA）合作的 POLDER，利用 PLODER 的重复观测能力，获得地面目标多角度观测数据；欧洲太空局 2001 年发射的 PROBA 小卫星搭载 CHRIS（Compact High Resolution Imaging Spectrometer）传感器，该传感器由英国的 SIRA 公司研制，其天顶角固定为（FZA＝0°，±36°，±55°）。机载多角度传感器较多，例如，美国有配合星载 MISR 的 AirMISR（Airborne Multi-angle Imaging Spectral Radiometer）机载多角度传感器，其角度与波段配置与星载 MISR 相同；我国中国林业科学研究院的 CAF-LiGHT，是具有多角度成像能力的高光谱传感器，同时搭载激光雷达与高空间分辨率的 CCD 相机（Yong P et al.，2016）。

CHRIS/PROBA 是目前世界上唯一可以同时获取高光谱和多角度数据的星载传感器。它的独特优点在于获取森林植被冠层 5 个不同角度的影像，在进行森林结构参数反演等研究方面起到十分重要的作用。国内外已有相关文章介绍 CHRIS/PROBA 多角度数据预处理方法，例如，BEAM 软件中 CHRIS-BOX 功能模块是欧洲航天局 ESA 提供的专门用来处理 CHRIS/PROBA 数据的开源工具包，利用卫星位置、速度与成像时姿态信息根据成像模型计算影像每个像素投影在地球表面的地理坐标，这需要相应的元数据文件提供以上卫星星历数据，可以在官方网站下载。问题在于针对中国区域的 CHRIS 影像，这些包含卫星星历参数的文件并不完整，导致无法利用 BEAM 软件完成我国区域

CHRIS 多角度影像的预处理工作。同时，CHRIS-BOX 模块还需要用户每周更新辅助时间表，在国内部分区域无法更新该列表，导致影像预处理无法完成。而且 CHRIS-BOX 模块在进行大气纠正时不能加载数字高程模型 DEM（Digital Elevation Model），而且带有地形纠正功能的大气纠正软件并非免费，例如空间自适应快速大气纠正软件 ACTOR（A Spatially-Adaptive Fast Atmospheric Correction）能加载数字高程模型 DEM 进行地形纠正，这大大限制了多角度遥感影像的推广与应用，CHRIS 影像处理流程方案如图 2.5 所示。

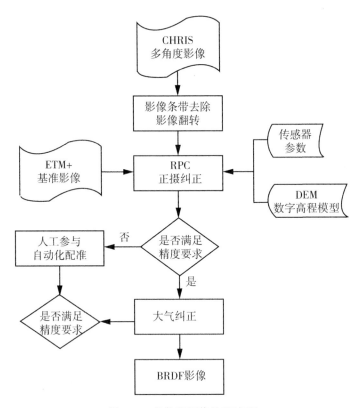

图 2.5 多角度影像处理流程

利用地理编码的 TM/ETM+数据作为基准数据来校正无坐标信息的 CHRIS 数据，采集 12 个控制点（GCP）通过多项式拟合方法进行配准，投影为 UTM、Zone 52N，椭球体选择 WGS-84，使得 CHRIS 图像与 TM/ETM+图像较好地配准，误差小于 1 个像素，如表 2-4 所示。CHRIS 图像与 TM/ETM+图像的配准效果如图 2.6 所示。

表 2-4　　　　　　**CHRIS 图像与 TM/ETM+图像的几何配准精度评价表**

地面控制点号	参考点坐标 (x, y)		纠正点坐标 (x, y)		预测点坐标 (x, y)		误差 (x, y)		均方根
1	3846	2650	547.13	733.79	546.89	734.26	−0.24	0.47	0.53
2	3887	2565.37	612.04	599.79	612.08	599.71	0.04	−0.08	0.09
3	3765.63	2590	419.87	638.79	420.08	638.38	0.21	−0.41	0.46
4	3914	2524	655.79	532.29	655.45	532.97	−0.34	0.68	0.77
5	4061	2570	887.54	607.13	887.55	607.11	0.01	−0.02	0.02
6	4070	2568	901.79	603.96	901.88	603.79	0.09	−0.17	0.2
7	3880	2533	600.96	548.54	601.27	547.91	0.31	−0.63	0.71
8	3825	2624	513.88	692.63	513.9	692.57	0.02	−0.06	0.07
9	3809.63	2550.92	489.54	576.91	489.47	577.05	−0.07	0.14	0.15
10	3855.19	2564.74	561.67	598.79	561.7	598.76	0.03	−0.03	0.04
11	3887.04	2565.24	612.1	599.58	612.15	599.5	0.05	−0.08	0.1
12	3822	2485	509.13	472.54	509.02	472.74	−0.11	0.2	0.23

图 2.6　TM/ETM+与 CHRIS 图像配准效果

2.4.1   图像翻转与去条带噪声

为了增加成像速度，CHRIS 传感器采用推扫方向变化的方式成像，使得在天顶角为+/−36°时的图像南北方向颠倒，需要使用 ENVI 软件对图像进行翻转，同时转换存储格式为 BIL，因为 FLASSH 大气纠正模块需要此格式存储的数据。CHRIS 传感器成像方式为推扫式，影像噪声的产生有两种原因：①由于传感器由 CCD 阵列组成，CCD 阵元的光学属性存在差异，导致光谱响应函数不同产生条带噪音；②CHRIS 传感器在轨成像时，CCD 阵元受热不均匀而引起微小差异，这时垂直条带噪声随时间变化表现为随机性，导致图像水平方向与垂直方向出现条带噪声。使用 HDFclean 软件进行影像坏线修复与条带噪声去除（Cutter M A，2006），效果如图 2.7 所示。

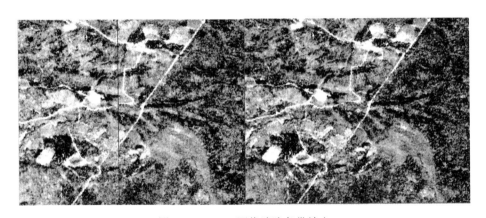

图 2.7   CHRIS 图像消除条带效应

2.4.2   基于 RPC 的正射纠正

遥感卫星成像时，由于传感器的在轨空间姿态、飞行速度、地球自转以及地形起伏等因素的影响，造成地面三维目标投影到二维影像产生拉伸、偏移、扭曲和挤压等几何畸变，根据以上几何畸变的产生原理，将变形影像校正成多中心投影的正射图像的过程称为几何正射纠正。它同时考虑地面控制点与传感器成像模型，确定传感器、图像和地面三个坐标系的关系，通过构建校正公式获得精确的正射影像。

本研究以具有地理编码的 ETM+影像作为基准数据，配合空间分辨率为 30m 的 DEM 数据，如图 2.8 所示。使用有理函数（Rational Polynomial

Coefficient，RPC）模型校正 CHRIS 影像，每一个角度影像采集 10~20 个控制点，通过生成三维控制格网的最小二乘拟合，计算出 RPC 参数进行影像配准。投影为 UTM、Zone 52N，椭球体选择 WGS-84，如果误差较大，利用人工参与的方法在自动配准基础上进行二次配准，使 X、Y 方向上的误差小于 1~2 个像素。表 2-5 显示配准结果，0 度影像配准结果相比 ±55° 与 −36° 影像配准结果更优。

图 2.8 研究区 DEM 影像

表 2-5 　　　　　CHRIS 图像与 TM/ETM+图像的几何配准精度评价表

RMSE[Pixels]	+55°	0°	−36°
Total	1.25	0.89	1.54
X	0.99	0.56	1.15
Y	0.87	0.78	1.12
# of GCP's	11	13	12

一般来说，利用卫星姿态信息构建的严格几何模型校正精度高，但是解算复杂，而且由于某些商业原因传感器的核心参数和卫星轨道参数尚未公开，限制严格几何模型的应用，当前发展最快、应用最广的是 RPC 模型（王红平等，2010；张永生等，2004；Jacek G，2001）。

$$S = \frac{\text{Num}_S(X, Y, Z)}{\text{Den}_S(X, Y, Z)} \tag{2-1}$$

$$L = \frac{\text{Num}_L(X, Y, Z)}{\text{Den}_L(X, Y, Z)} \tag{2-2}$$

式中，$\text{Num}_S(X, Y, Z)$，$\text{Den}_S(X, Y, Z)$，$\text{Num}_L(X, Y, Z)$，$\text{Den}_L(X, Y, Z)$ 形式如下：

$$F(X, Y, Z) = \alpha_1 + \alpha_2 X + \alpha_3 Y + \alpha_4 Z + \alpha_5 XY + \alpha_6 XZ + \alpha_7 YZ + \alpha_8 X^2 + \alpha_9 Y^2 +$$
$$\alpha_{10} Z^2 + \alpha_{11} XYZ + \alpha_{12} X^3 + \alpha_{13} X^2 Y + \alpha_{14} Y^3 + \alpha_{15} Y^2 X + \alpha_{16} Z^3$$
$$+ \alpha_{17} Z^2 X + \alpha_{18} X^2 Z + \alpha_{19} Y^2 Z + \alpha_{20} Z^2 Y \tag{2-3}$$

式中，(X, Y, Z) 和 (S, L) 分别为正规化的物方和像方坐标，为了增强参数求解的稳定性，一般将物方坐标和像方坐标正则化到 -1 至 1 之间。并且多项式中的一次项表示光学投影系统产生的误差，二次项代表地球曲率、大气折射和镜头畸变等产生的误差，其余一些未知的具有高阶分量的误差如相机震动等用三次项来表示。

ENVI 提供了 RPC 有理多项式系数严格轨道物理模型的正射校正，利用地面控制点与传感器相机参数，构建传感器、影像和地面三者的成像方程进行纠正并生成精确的正射影像，需要提供的传感器相机参数与卫星成像姿态信息如表2-6 所示。根据基准 ETM+影像与 DEM 选择的地面控制点坐标，构建三维控制格网的最小二乘拟合，计算 RPC 参数。正射校正需要每个像素相应的超过椭球体的高程信息，所以需要将 DEM 中的平均海拔转换成椭球体的高程值，必须把大地水准面高程加到 DEM 中，修正系数可以根据图像中心点的经纬度在网站中查找（网站地址：http：//www. ngs. noaa/cgi-bin/GEOID _ STUFF/geoid99_prompt1. prl）。图 2.9、图 2.10 为正射纠正后的影像。图 2.11 为CHRIS 影像配准后三个角度的匹配结果。

表 2-6　　　　　　　　　　　　模型所需参数列表

传感器类型	相机焦距（mm）	像中心点 X 坐标（mm）	像中心点 Y 坐标（mm）	CCD 单元大小（mm）	沿轨道方向入射角（°）	垂直轨道方向入射角（°）
推扫式	746	0.0	0.0	0.025×0.025	查看元数据	查看元数据

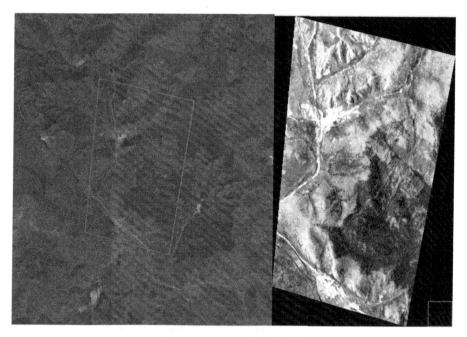

图 2.9　CHRIS 图像配准效果

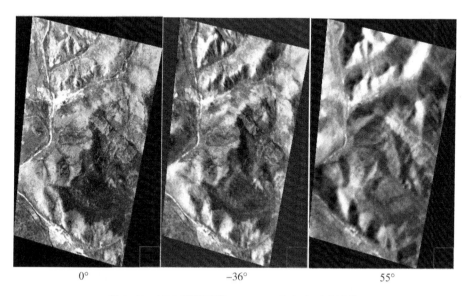

0°　　　　　　　　−36°　　　　　　　　55°

图 2.10　凉水研究区的 CHRIS 三个角度遥感影像

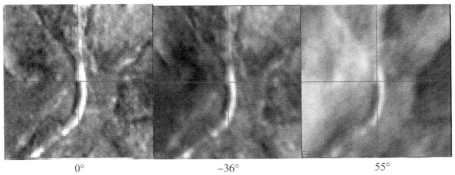

　　　　　0°　　　　　　　　　　　　　　−36°　　　　　　　　　　　55°

图 2.11　影像同名点位置比较

2.4.3　地形坡度处理

　　我们选取观测于 2007 年 8 月 23 日的一景 ETM+遥感影像，其覆盖 CHRIS 多角度图像。首先通过卫星传感器的增益和偏移参数，将图像 DN 值转化为大气上界表观辐射亮度(式 2-4)(付安民，2008)。其次对图像进行辐射地形纠正，利用辅助数据 90m 空间分辨率的 STRM(Shuttle Radar Topography Mission)地形高度数据与公式(2-4)进行地形纠正，如图 2.12 所示(选择其中地形比较复杂区域）。

$$L_{\lambda} = L_T \left(\frac{\cos\theta_z + \text{Bias}}{\cos\theta_r + \text{Bias}} \right) \quad\quad (2\text{-}4)$$

式中，$\cos\theta_z$ 为太阳天顶角；$\cos\theta_r$ 为太阳辐射局部入射角；L_{λ} 为地形纠正后的辐射亮度；L_T 为多角度传感器记录的辐射亮度；Bias 为统计经验系数，由不同波段的辐射亮度与 $\cos\theta_r$ 构建的线性方程决定。

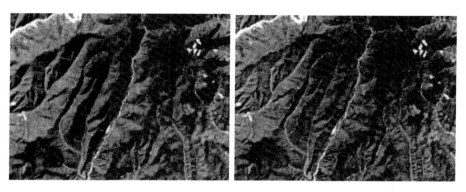

图 2.12   图像纠正前与纠正后比较

2.4.4   大气纠正

大气是介于卫星传感器与地球表层之间的一层由多种气体及气溶胶组成的介质层。太阳电磁波需要两次穿透大气才能到达卫星传感器，所以大气对太阳辐射的影响比较大。大气校正的目的是用来消除大气中各组成成分与大分子颗粒，例如水蒸气、臭氧、气溶胶等，对电磁波辐射传输的影响，通过大气校正可以获得地物真实反射率（Freemantle J R et al.，1992；田庆久等，1998）。

目前应用广泛的大气纠正模型主要分为两类：统计模型和物理模型。统计模型是基于陆地表面反射率和遥感数据的相关关系，优点在于容易建立，局部区域获取反射率数据精度高，例如经验线性定标法、内部平场域法等；另一方面，物理模型遵循电磁波传输的物理规律，如果初始的模型不理想，通过加入先验知识和信息就可以改进模型，但是构建物理模型的过程比较复杂。模型是对现实的抽象，一个逼真的模型包含多种变量。常用的模型有 6s 模型、Modtran 和 FLAASH（Miltion T，2006）等。

FLAASH 是由波谱科学研究所在美国空军研究实验室（U. S. Air Force

Research Laboratory)支持下开发的大气校正模块。FLAASH 是高光谱辐射能量影像反射率反演的首选大气校正模型。FLAASH 能够精确考虑并消除大气对电磁波传输的影响，适用的波段范围由可见光至短波红外。FLAASH 是直接移植了 MODTRAN-4 中的辐射传输计算方法，并考虑倾斜观察时大气路径长度变化、透射率变化，同时纠正大气程辐射和邻近像元效应。

$$L = L_a + \left(\frac{A \cdot \rho}{1 - \rho_B \cdot S} \right) + \left(\frac{B \cdot \rho}{1 - \rho_B \cdot S} \right) \tag{2-5}$$

式中，ρ 为影像像素对应的地表表面的发射率；L 为传感器接收的辐射亮度；ρ_B 为像素表面平均发射率；S 为大气层表面发射率；L_a 为大气后向散射率；A、B 分别为取决于大气组成与成像几何关系的两个系数。参数 A、B、S 和 L_a 的值由 MODTRAN-4 模型得到，需要用到传感器与太阳位置、平均海拔、大气模型、气溶胶类型和能见度。FLAASH 利用一个径向距离的近似指数函数代替太气点扩散函数(point-spread function)计算周围点对目标像素的辐射贡献，得到空间平均辐射亮度 L_B，根据近似公式 $L_B \approx L_a + \left[\frac{(A + B) \cdot \rho_B}{1 - \rho_B \cdot S} \right]$ 得到像素表面平均发射率 ρ_B，进而得到像素表面反射率 ρ。

FLAASH 模型中输入的图像像元值为辐射亮度，而且是 BIL 或 BIP 格式，对于高光谱遥感图像，需要在头文件中定义中心波长与波段带宽(FWHM)，表 2-7 为 FLAASH 模型所需主要参数。CHRIS 共有 5 种观测模式，本书研究使用的是模式 5，其中模式 5 的中心波长与波段宽度如表 2-8 所示。FLAASH 支持多种传感器，大气模型与气溶胶类型等大气的属性通过影像不同波段的光谱特征来计算，不需要同步观测大气参数。但是由于使用 FLAASH 模型进行大气纠正时没有考虑地形的影响，所以本研究根据余弦纠正原理利用 IDL 语言编程完成研究区影像的地形纠正。

表 2-7　　　　　　　　　　　　FLAASH 模型所需主要参数

传感器高度(km)	图像分辨率(m)	图像中心点坐标(经度@纬度)	海拔高度(m)	卫星过境时间	大气模型	气溶胶模型	传感器天顶角方位角
589	18×18	128.87@47.18	500	查看元数据	亚极地夏季热带	乡村	查看元数据

表 2-8　　　　　　　　CHRIS 模式 5 的波段设置（单位：nm）

波段	中心	最小值	最大值	宽度
L1	442	438	447	9
L2	489	486	495	9
L3	530	526	534	8
L4	551	546	556	10
L5	570	566	573	7
L6	631	627	636	9
L7	661	656	666	10
L8	672	666	677	11
L9	683	677	689	11
L10	697	694	700	6
L11	703	700	706	6
L12	709	706	712	6
L13	716	712	719	6
L14	722	719	725	6
L15	728	725	732	7
L16	735	732	738	7
L17	742	738	745	7
L18	748	745	752	7
L19	755	752	759	7
L20	762	759	766	7
L21	770	766	773	7
L22	777	773	788	15
L23	792	788	796	8
L24	800	796	804	8
L25	872	863	881	18
L26	886	881	891	10
L27	895	891	900	10
L28	905	900	910	10
L29	915	910	920	10
L30	925	920	930	10

续表

波段	中心	最小值	最大值	宽度
L31	940	930	950	20
L32	955	950	960	10
L33	965	960	971	11
L34	976	971	981	11
L35	987	981	992	11
L36	997	992	1003	11
L37	1019	1003	1036	33

图 2.13 为经过大气纠正后的凉水研究区 CHRIS 多角度影像针叶林与阔叶林的光谱曲线，整体的光谱曲线分布满足植被光谱分布情况，同时可以看出在蓝光波段反射率稍微有抬高的趋势，这可能是由于蓝光波长较短，容易与大气中大分子、气溶胶、固体颗粒等介质发生散射作用，所以在很难准确确定大气每种成分含量的情况下，会造成蓝光波段大气纠正不准确的问题。

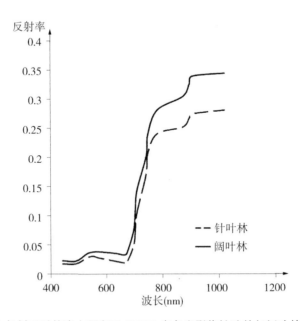

图 2.13　大气纠正后的凉水研究区 CHRIS 多角度影像针叶林与阔叶林的光谱曲线

第3章 激光雷达遥感技术

激光雷达技术的优势主要体现在能获取与生物量密切相关的树木高度、林分密度及其他森林结构信息，是提高森林生物量估算精度、突破遥感信号对森林生物量饱和点的关键。激光雷达脉冲与森林冠层植被组分相互作用，主要发生吸收与散射作用并反射电磁波，其回波信号强度分布与森林植被垂直结构高度相关，根据雷达基本方程，通过植被冠层孔隙度垂直分布将激光雷达回波信号与植被垂直结构信息建立关系，由此推断激光雷达可以用于森林遥感观测并估测树木高度、生物量、林分密度与蓄积量等森林空间结构信息。利用 LiDAR 回波波形数据提取森林参数，一般是利用分位数、波前倾角、峰值点个数、回波能量等多种波形参数与待反演森林生物量建立多元回归方程，利用逐步回归等方法筛选出相关性较强的波形参数用于生物量的反演，但是由于实验区不同多元回归方程的自变量也随其改变，这就导致反演方程的不确定性，限制了激光雷达反演森林生物量的推广。

3.1 激光雷达系统及原理

机载激光雷达系统主要由激光扫描仪(Lasers Scanner)、差分全球定位系统(Differential Global Positioning，DGPS)、惯性测量装置(Inertial Measurement Unit，IMU)以及相关的控制及存储单元组成。激光扫描仪包括激光发射器和激光接收器两个部分，是激光雷达系统的核心组成部分，通过发射和接收激光信号可以精确地测量目标和传感器件间的距离。IMU 负责提供飞行平台的瞬时姿态信息(俯仰角、侧滚角和航向角)，姿态测定的高低直接影响激光脚点的定位精度。

激光雷达测距系统主要包括距离测量电子器件、发射和接收装置以及控制处理系统。通过精确计算发射脉冲和接收到散射信号的时间差获取传感器到目标间的距离，其测距原理可以表示为(Blair et al.，1999)：

$$R = c \cdot t/2 \tag{3-1}$$

式中：R 表示传感器与目标间的距离，c 为光速，t 为脉冲从发射到接收的时间间隔。

激光测距系统只能获得高精度的距离信息，要将其转换成真实的地理坐标，还需要借助 GPS 和 IMU。GPS 的作用是获取激光器在空中的位置信息，一般采用差分技术以获取高精度的三维坐标。IMU 的作用是实时记录飞行平台的俯仰角、侧滚角和航向角三个姿态角信息，再集合扫描角及事先测量的系统安置偏差参数，获取激光扫描仪在三维地理空间的方向信息。这样解算目标坐标的问题就转化为立体几何中向量的求解问题，向量的模通过激光测距系统提供，GPS 提供向量起点信息，IMU 提供方向信息，从而可以准确计算每一个地面目标的地理坐标。目前，激光测距系统获取的距离信息已达到毫米量级，但获取的高程精度往往在厘米级甚至在分米级别，这主要是由 GPS 和 IMU 因素造成的。GPS 差分技术或精密单点定位技术的精度可以达到几厘米，但其记录频率与常用的激光扫描频率存在一定差距，通常采用插值方法进行处理。相对于 GPS 的测量精度，IMU 的姿态测定精度更为重要，对激光脚点的定位精度起主导作用。特别是当飞行高度大于 1000m 时，对 IMU 的标准要求更高。由于国外限制对中国高精度 IMU 的出口，国产 IMU 离商业化应用还存在一定的距离，这都为获取更高精度的机载激光雷达数据提出了进一步的要求。

目前大部分的机载激光雷达系统都以脉冲激光作为主要的技术手段，由于一束激光脉冲只能获得一个光斑内的数据，因此通常需要借助机械装置采用摆动的方式获取一定宽度范围的数据。常用的脉冲式激光器的扫描方式主要有 4 种：钟摆式、旋转棱镜式、章动式和光纤扫描式。本书使用的 LMS-Q560 激光扫描仪采用的是旋转棱镜式，激光在到达地表目标前先入射到连续旋转的多棱镜的表面上，经反射在地面上形成一条条连续的、平行的扫描线。同时为了获取更高密度的激光雷达数据，新一代的机载激光雷达设备往往提高了脉冲发射频率甚至采用多脉冲技术。由于机载激光雷达获取目标光谱信息的限制，机载激光雷达系统一般还配备数码相机甚至高光谱传感器。

3.2　激光雷达回波模型

图 3.1 为植被冠层激光雷达回波波形图。假设 $P(Z)$ 为高度 Z 以上的树冠的空隙概率，对于大脚印激光雷达脉冲信号从植被冠层顶部入射，随着穿透距离的增加，激光脉冲能量衰减，在高度为 Z 与 $Z - \Delta Z$ 处，能量被

植被组分拦截的大小分别为 $1 - P(Z)$ 与 $1 - P(Z - \Delta Z)$，这里简化了植被组分与激光发射脉冲的影响。所以，$P(Z) - P(Z - \Delta Z)$ 为在厚度为 ΔZ 的植被冠层内由植被各个组分拦截的激光脉冲能量，当 ΔZ 趋近于 0 时，$\lim_{\Delta z \to 0} [(P(Z) - P(Z - \Delta Z))/\Delta Z] = dP(Z)/dZ$ 为激光雷达脉冲拦截能量随高度变化的密度函数，拦截的能量被冠层组分反射并由激光天线接收（Wenge N M et al.，2001）。

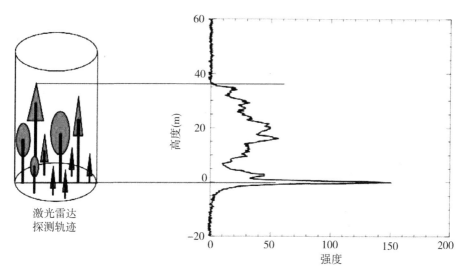

图 3.1　激光雷达波形与森林结构关系

$R_V(Z)$ 为在高度 Z 处以上植被冠层拦截的激光脉冲能量，$R_V(0)$ 为整个植被冠层拦截的激光雷达脉冲能量，R_g 为地表反射的激光雷达脉冲能量，J_O 为激光雷达脉冲能量，ρ_g 为地面后向散射系数或称为反射率，ρ_V 为植被冠层体后向散射系数。

基本植被冠层激光雷达表达式为：

$$-\frac{dR_V(Z)}{dZ} = J_O \rho_V \frac{dP(Z)}{dZ} \tag{3-2}$$

$$R_g = J_O \rho_g P(0) \tag{3-3}$$

式中，负号是因为，$dR_V(Z) = R_V(Z) - R_V(Z - \Delta Z)$，由于 $R_V(Z)$ 小于 $R_V(Z - \Delta Z)$ 导致。$\dfrac{dR_V(Z)}{dZ}$ 为激光雷达脉冲回波能量密度。其中 J_O 根据不同型

号的激光雷达传感器设置。式(3-2) 的物理意义也可以理解为在高度为 Z 处，厚度为 $\mathrm{d}Z$ 的植被冠层内拦截的激光脉冲能量大小。

式(3-2) 也可以写成

$$-\frac{\mathrm{d}R_V(Z)}{\mathrm{d}Z} = J_O\rho_V\frac{\mathrm{d}P(Z)}{\mathrm{d}Z} = J_O\rho_V F_{\mathrm{app}}(z)P(Z) \qquad (3\text{-}4)$$

式中，$F_{\mathrm{app}}(Z)$ 可以被看作是植被冠层垂直分布，$J_O P(Z)$ 为高度 Z 处的植被冠层获得的激光雷达脉冲能量，$F_{\mathrm{app}}(Z)$ 为高度 Z 处的植被冠层组分密度，乘以 ρ_V 为 Z 高度处的植被冠层组分拦截并反射的激光雷达脉冲能量(即返回激光器的能量大小)，又因为 $\dfrac{\mathrm{d}\ln(X)}{\mathrm{d}X} = \dfrac{1}{X}$，所以 $F_{\mathrm{app}}(Z)$ 被写成为：

$$F_{\mathrm{app}}(Z) = \frac{1}{P(X)}\frac{\mathrm{d}P(X)}{\mathrm{d}X} = \frac{\mathrm{d}\ln P(Z)}{\mathrm{d}Z} \qquad (3\text{-}5)$$

植被冠层的体散射系数 ρ_V 是叶倾角分布，叶子散射相函数与光谱特性(例如叶子的反射率、透射率) 有关。如果叶子散射相函数与散射角度有关，植被冠层的体后向散射函数可以写成：

$$\rho_V = \frac{P(\varepsilon)}{4\pi}\omega\pi \qquad (3\text{-}6)$$

式中，$\dfrac{P(\varepsilon)}{4\pi}\omega$ 表示植被冠层的 BRDF 特性，但是由于要使单位与反射率保持一致所以乘以 π。ω 为叶片的单次散射反照度，$\omega = \gamma + t$，这里 γ 为叶片的反射率，t 为叶片的透射率。$P(\varepsilon)$ 为植被组分体散射相位函数，也可以写作 $P(Q_i, Q_v, \Delta\varphi)$，且有以下关系：

$$\int_{4\pi}\frac{P(\varepsilon)}{4\pi}\mathrm{d}\Omega = 1 \qquad (3\text{-}7)$$

其中，$\mathrm{d}\Omega$ 为立体角，ε 为散射夹角。

$$\cos\varepsilon = \cos\theta_i\cos\theta_v + \sin\theta_i\sin\theta_v\cos(\varphi_i - \varphi_v) \qquad (3\text{-}8)$$

式中，(θ_i, φ_i) 为入射辐射的天顶角与方位角，(θ_v, φ_v) 为散射方向的天顶角与方位角。对于植被冠层来说，$P(\varepsilon)$ 是叶子的散射系数与叶片倾角分布的函数(Ross, 1981)。

对于随机分布的叶片：

$$P(\varepsilon) = \frac{8}{\omega}\left(\frac{\omega}{3\pi}(\sin\varepsilon - \varepsilon\cos\varepsilon) + \frac{t}{3}\cos\varepsilon\right) \qquad (3\text{-}9)$$

对于竖直分布的叶片：

$$P(\varepsilon) = \frac{8\sin\theta_i\cos\theta_\nu}{\omega}\left(\frac{\omega}{2\pi}(\sin\Delta\varphi - \Delta\varphi\cos\Delta\varphi) + \frac{t}{2}\cos\Delta\varphi\right) \quad (3\text{-}10)$$

其中 $\Delta\varphi = \varphi_i - \varphi_\nu$,而且 $0 \leqslant \Delta\varphi \leqslant \pi$。

因为激光天线与目标位置关系正是多角度成像中的"热点"关系,所以有 $\varepsilon = \pi$,对于随机分布的叶片,式(3-9)可以写成:

$$P(\varepsilon) = \frac{8\gamma}{3\omega} \quad (3\text{-}11)$$

同时,代入式(3-6)得到:

$$\rho_\nu = \frac{2}{3}\gamma \quad (3\text{-}12)$$

土壤被看作朗伯体,其后向散射系数就等于其反照度:

$$\rho_g = \omega_G \quad (3\text{-}13)$$

所以由式(3-12)与式(3-13)得到

$$\frac{\rho_\nu}{\rho_g} = \frac{2\gamma}{3\omega_G} \quad (3\text{-}14)$$

波形纠正:

基于雷达基本方程,激光雷达回波能量能直接与植被冠层空隙度 $P(Z)$ 建立联系。大脚印激光雷达波束与植被冠层中不同高度组分相互作用,经过衰减与反射得到随高度变化的回波能量分布曲线,借助植被冠层的后向散射系数 ρ_ν,与大气纠正的激光脉冲能量 J_O,可以直接反演得到孔隙度 $P(Z)$。

$$R_\nu(Z) = J_O\rho_\nu[1 - P(Z)] \quad (3\text{-}15)$$

$$P(Z) = 1 - \frac{R_\nu(Z)}{J_O\rho_\nu} \quad (3\text{-}16)$$

$R_\nu(Z)$ 为从冠顶到高度 Z 处植被冠层反射的辐射能量,这部分能量直接被激光器探测得到。由于发射的激光脉冲能量大小不能被准确标定,所以不能得到准确的 J_O。所以很难从式(3-16)中得到植被冠层 $P(Z)$ 的垂直分布。但是可以利用地面回波能量、地表散射系数与叶片后向散射系数比值等信息,由校正的激光雷达回波数据计算得到 $P(Z)$。

$$R_g = J_O\rho_g P(0) \quad (3\text{-}17)$$

$$R_\nu(0) = J_O\rho_\nu(1 - P(0)) \quad (3\text{-}18)$$

$$R_\nu(Z) = J_O\rho_\nu(1 - P(Z)) \quad (3\text{-}19)$$

联立以上三个公式可以获得 $P(Z)$ 的表达式:

$$P(Z) = 1 - \frac{R_v(Z)}{R_v(0)} \frac{1}{1 + \dfrac{\rho_v R_g}{\rho_g R_v(0)}} \tag{3-20}$$

式中，$R_v(Z)$ 为植被冠顶到高度 Z 处反射的激光雷达回波能量，$R_v(0)$ 为植被冠顶到地面(或者植被整个冠层)反射的激光回波能量，R_g 为地面发射的激光雷达回波能量，以上三个变量可以由激光雷达波形获得。$\dfrac{\rho_v}{\rho_g}$ 已知就可以由非定标的激光雷达波形得到 $P(Z)$。所以如果在 $\dfrac{\rho_v}{\rho_g}$ 已知的情况下，通过激光雷达波形数据，我们可以得到冠层孔隙度 $P(Z)$，垂直冠层覆盖度 $1 - P(Z)$，植被冠层垂直分布密度 $F_{app}(Z)$ (Roujean J L，1996；Serra J，1982；Sellers P，1995)。同时我们注意到，$\dfrac{\rho_v}{\rho_g}$ 与叶片倾角分布、叶片光谱反射率和地背景光谱反射率有关。

但是有学者证明由激光雷达波形数据只能获得表象的植被冠层分布曲线，其与真实的植被冠层分布曲线还有一定的差异(Sun G et al.，2000)。现在需要研究的是在什么情况下，$F_{app}(Z)$ 能代表真实的植被冠层分布。根据林分密度将森林植被冠层近似分为连续冠层(郁闭度较大，或者树木个体不突出的情况)与离散冠层(郁闭度较小，树木个体突出的情况)。

连续植被冠层情况下：

$$P(Z, \theta_i) - P(z - \Delta Z, \theta_i) = P(Z, \theta_i) G(Z, \theta_i) F(Z) \frac{\Delta Z}{\cos\theta_i} \tag{3-21}$$

ΔZ 厚度范围的冠层截获的激光雷达脉冲能量为 $J_O[P(Z, \theta_i) - P(Z - \Delta Z, \theta_i)]$，利用大气辐射传输理论，$J_O P(Z, \theta_i)$ 为高度 Z 处冠层截获的激光雷达脉冲能量，穿过厚度为 ΔZ 的植被冠层，激光雷达脉冲能量削弱了 $J_O P(Z, \theta_i) G(Z, \theta_i) F_a(Z) \dfrac{\Delta Z}{\cos\theta_i}$，其中 $G(Z, \theta_i) F_a(Z) \dfrac{\Delta Z}{\cos\theta_i}$ 为削弱系数，是植被组分吸收与散射作用的结果，$\dfrac{\Delta Z}{\cos\theta_i}$ 为在天顶角为 θ_i 时电磁波穿过冠层的路径长度，$G(Z, \theta_i) F_a(Z)$ 可以看作在垂直于 θ_i 方向上植被组分的投影面积，当 ΔZ 趋近于零时，由 $F_{app}(Z)$ 的定义可以得到：

$$F_{app}(Z, \theta_i) = \frac{d\log P(Z, \theta_i)}{dZ} = \frac{G(Z, \theta_i) F_a(z)}{\cos\theta_i} \tag{3-22}$$

$$P(Z, \theta_i) = \exp\left(-\int_Z^{Z_{max}} G(Z, \theta_l) F_a(Z) \frac{\Delta Z}{\cos\theta_l}\right) \tag{3-23}$$

满足激光雷达成像情况下，θ_i 为 $0°$。公式（3-22）与式（3-23）可以写成：

$$F_{app}(Z) = G(Z, 0) F_a(Z) \tag{3-24}$$

$$P(Z) = \exp\left(-\int_Z^{Z_{max}} G(Z, 0) F_a(Z) dZ\right) \tag{3-25}$$

可以看出表象冠层分布与真实冠层分布之间的关系，根据植被叶倾角分布情况 G 函数来决定 $F_{app}(Z)$ 与 $F_a(Z)$ 的关系。

离散冠层情况下，森林场景离散个体突出，冠层之间存在明显的空隙。首先假设森林场景内每棵树水平随机分布而且分布密度不同。$P_\lambda(h)$ 为树冠垂直分布密度，即为单位面积内分布的树冠个数，h 为树冠中心高度。$F_a(Z)$ 为单棵树的叶面积体密度函数，$S(h, Z)$ 代表树冠中心高度为 h 时，高度 Z 处的冠层水平截面积的平均值。真实冠层垂直分布曲线 $F_{act}(Z)$ 可以写成

$$F_{act}(Z) = \int_{h_1}^{h_2} P_\lambda(h) F_a(Z) S(h, Z) dh \tag{3-26}$$

如果森林场景包含多种树木而且垂直分层明显，假设不同树种与各层之间彼此独立，$F_{act}(Z)$ 又可以写成

$$F_{act}(Z) = \sum_i F_{act}(i, Z) \tag{3-27}$$

其中 $F_{act}(i, Z)$ 为高度 Z 处树种 i 的真实冠层垂直分布曲线。对于单一树种树高比较均匀的情况下，我们可以推导出准确的 $F_{act}(Z)$ 表达式。假设树冠形状为椭球，水平半径为 R，垂直半径为 B，水平随机分布密度为 λ，并且冠层中心高度为 h。

$$F_{act}(Z) = \begin{cases} \lambda F_a(Z) \pi R^2 \left(1 - \frac{Z-B}{B}\right)^2, & \dfrac{|Z-h|}{B} \leqslant 1 \\ 0, & \text{其他} \end{cases} \tag{3-28}$$

3.3 激光雷达点云数据处理

激光雷达点云数据包括来自地面森林、建筑物等地物的回波信息。点云数据处理的目的是根据回波点之间的空间位置关系，识别不同的地物特征，包括噪声点去除、地面点分类、植被点分类、点云数据栅格化等内容，其处理结果可用于提取单木和林分结构信息。

激光雷达点云空间分布具有不规则离散的特征，按照激光扫描方式的不

同，激光点云表现为不同的空间分布特征。对于旋转棱镜扫描方式来说，在一定的扫描角速度条件下，按照自上而下的方式进行扫描，天底方向激光点之间的距离最小，随着偏离天底方向的角度增加，激光点之间的距离逐渐增大。在扫描线边缘处，激光点之间的距离达到最大。对于振荡镜扫描方式来说，扫描角最大时扫描角速度最小，随着扫描角的减小，扫描角速度逐渐变大，扫描角最小时扫描角速度最大，随着扫描角的增加，扫描角速度逐渐变小，达到最大扫描角时扫描角速度变为最小，扫描线边缘处，激光点之间的距离最小。扫描线之间的距离随着平台运动速度和平台到地面距离的大小而变化。

激光雷达点云数据可以存储为二进制格式、文本格式等。美国摄影测量与遥感协会(ASPRS)定义了一种三维点云数据的开放变换格式，称为激光文件变换格式，文件扩展名为 LAS。LAS 文件为二进制格式文件，允许不同的 LiDAR 硬件和软件工具将数据输出成公共格式。LAS V1.0 至 LAS V1.2 仅支持离散的三维点云数据变换，LAS V1.3 和 LAS V1.4 支持点云数据和波形数据变换。LAS 文件包括文件头和点数据实体两部分。文件头包含 LAS 版本号、点个数、三维坐标空间范围、三维坐标的比例缩放因子、地理投影参数等信息；点数据实体包含每个点的三维坐标、强度、回波号、扫描角、类别、GPS 时间等信息，以及回波点对应位置处的红绿蓝等波段信息。

噪声点是明显高于或低于地物回波点的异常点，噪声点去除算法一般包括高度阈值法、孤立点搜索法和过低点搜索算法三种。高度阈值法是将高于最大高度阈值或低于最小高度阈值的点分为噪声点，保留位于最小高度阈值和最大高度阈值范围内的点。通过高度阈值法可以有效地去除噪声点。设置高度阈值时，需要考虑地物回波点的最小高度值和最大高度值。孤立点搜索法是以当前点为中心，搜索半径为 R 的球形空间内存在的其他点，如果其他点数小于指定阈值，则认为当前点为噪声点。过低点是位于地面之下的点，例如落在坑内或井内的点。过低点搜索算法是在地面点中搜索明显低于地面的点，以当前点为中心，搜索指定 XY 距离范围内的其他点，如果当前点的高程明显低于任何其他点，即当前点高度与任何其他点高度的差值大于指定阈值，则当前点分为噪声点(或过低点)。对于一组聚集在一起的过低点，设定过低点个数阈值，需要组内的过低点均符合判别条件才分为噪声点(或过低点)。对于未去除的噪声点，可以采用手动方式去除。

地面点是位于植被或建筑物等其他地物之下的回波点。提取地面点的分类方法有很多。例如：基于不规则三角网的地面点提取算法、基于拟合平面的地面点提取算法。这些算法的基本思想是：假设一定区域内的局部最小值为地面点，搜索这些局部最小值作为初始地面点集，由这些初始地面点集生成初始表面。生成方法可以为 TIN 法、拟合平面法等，判断其他点与初始表面的关系，符合约束条件就分为地面点，然后由新的地面点集生成表面，分离出更多的地面点，重复迭代过程，直到符合指定的阈值条件时结束迭代，得到最终的地面点集。不同的地形特征和地物覆盖情况，决定地面点提取算法的约束条件和阈值条件。因此，选择合适的分类算法和参数设置，将会得到更优的点云数据分类结果。

植被点位于地面之上，按照植被点与地面之间的距离，可以提取低矮植被点、中等高度植被点和高植被点。低矮建筑物容易混淆在低矮植被点中，高压线塔等人工地物容易混淆在高植被点中，现有算法很容易错分混在植被中的建筑物、高压线等人工地物，需要采用人工判读的方式去除这些人工地物点。

3.4 激光雷达波形数据处理

激光雷达记录的回波波形是对光斑内各点反射信号按时间先后顺序的记录，由于 LiDAR 发射的激光脉冲具有一定的发散角，并且大气对光束具有散射作用，激光光束在地面上照亮的是一个有一定面积的光斑，光斑内的地形可能是平缓裸地、坡地或由多个散射平面组成的复杂垂直结构，以数字形式记录的回波信号，提供了激光脚印中不同反射表面的高程和分布信息。例如，对于林区而言，光斑内往往是一个由林木或多个树冠层、下层灌木、植被、地表组成的复杂垂直结构。因此由系统记录的回波形态由于光斑内反射面的差异呈现出不同的形态，复杂的回波实际上包含光斑内目标物大量的结构特征信息（Persson A et al.，2002）。Carlsson（2001）等建立了不同坡度下的回波模型，Jutizi（2005）等使用相同的发射脉冲对不同目标物回波形状模型进行了深入研究，结果发现：对于平坦的裸地，回波是与出射脉冲相似的单一波形，对于斜面而言，回波则是在波形宽度上有一定延展的单一波形，而对于在垂直方向有明显高度分布的光斑单元，不同高度平面将平均分布在光斑内的激光能量分别反射回系统，经探测器叠加成一个多模的复杂曲线（如图 3.2 所示）。如果能够将光斑内各个反射平面的回波从波形数据中分离出来，那么就可以确定光斑内地物的垂直结构特征信息。

相对于仅提供离散点云数据的激光雷达系统，波形激光雷达为最终用户的数据处理赋予了更大的灵活性，增加了目标物解译的可控因素。仅记录离散点数据激光雷达系统由于受到回波量化记录方式和垂直分辨率的局限，往往忽略了复杂地物部分细节特征信息，影响了对目标物进行三维结构重建的精度。因此，要充分描述和刻画复杂地物的特性，波形数据是十分必要的。波形激光雷达对每个发射脉冲的整个后向散射信号进行数字化采样，由于采样间隔非常小，如 LVIS 的采样频率为 0.5GHz，而目前商业化的机载波形激光雷达基本上能够达到 1GHz 甚至更高的采样频率，完全能够满足脉冲波形复原的要求（Blair B et al.，1999）。从波形数据中不仅可以获取目标物三维坐标信息，还可以从中提取目标物的结构特征信息，用户完全可以根据自己的应用领域（如测绘、林业），对波形数据进行分析和处理以获取更多有用信息。

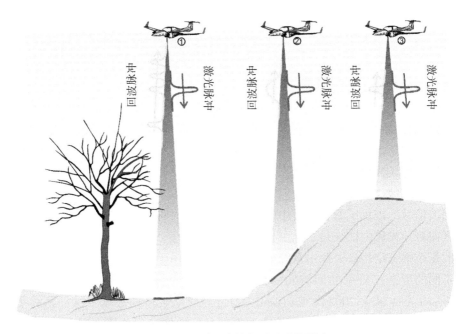

图 3.2   不同垂直结构对波形的影响
（来源：http：//www.riegl.com）

3.4.1   波形数据分解

波形分解的方法是将波形数据分解成一系列分量和噪声之和的形式，每个分量代表一个光斑内不同反射平面的回波信号，这样就可以有效地提取目标物结构特征信息，用公式表示如下：

$$f(x) = b + \sum_{j=1}^{n} f_j(x) \qquad\qquad (3\text{-}29)$$

式中，$f(x)$ 表示回波信号，b 为噪声，n 为光斑内有效的反射面数量，$f_j(x)$ 表示散射截面回波信号函数。该方法主要是通过检测波形数据中峰值点的个数来确定单个发射脉冲回波数量，这样，有效的回波信号就可以看作是同一光斑内几个不同散射平面回波共同作用的结果，再利用相关算法对回波信号进行拟合，提取每个散射平面回波的相关参数（如位置、振幅等），从而获取目标物特征信息。由于发射脉冲与大气和地表的作用过程十分复杂，如何用通用的模型表示便成了算法的关键，而激光脉冲的波形与高斯函数十分接近，同时目标物的散射特性也可以假定为高斯函数，那么两个高斯函数的卷积也是高斯函数（Krasu K et al.，1998）。即

$$f(x) = b + \sum_{i=1}^{n} a_i \mathrm{e}^{-(x-x_i)^2/2\sigma_i^2} \qquad\qquad (3\text{-}30)$$

式中，a_i 表示高斯函数的振幅（峰值），x_i 表示峰值的位置，σ_i 表示高斯函数的标准差。

3.4.2 主要分解方法

波形数据的高斯分解方法主要有两种：基于非线性最小二乘的数据拟合算法和 EM（Expectation Maximization Algorithm）算法。基于非线性最小二乘的数据拟合算法首先是对要拟合数据可能包含的高斯函数个数进行估计，并对高斯函数的初值（高斯函数的标准差、峰值位置、振幅）给出估计，再通过最小二乘法对初值进行优化，得到最终结果。EM 算法是由 Dempster 等在 1977 年提出的一种非监督学习的方法，常用于统计和模式识别领域，通过 EM 算法可以完成高斯混合密度的参数估计。波形数据高斯分解的 EM 算法是将回波信号看作一个高斯混合模型问题来解决，该方法首先也要对高斯函数的个数和参数初值进行估计，通过最大似然法来计算参数使其符合波形数据的期望值。EM 算法分为两个计算步骤：E-step 和 M-step，通过对这两个步骤进行迭代，完成最终结果的求解。

1. 波形文件说明

Riegl LMSQ-560 提供的波形数据包括两个文件：LWF 格式文件和 LGC 格式文件。LWF 文件中主要记录了校正后的波形采样数据；LGC 文件中主要记录了每个脉冲的坐标相关信息，并通过索引信息与 LWF 文件信息相关联。

LGC 文件和 LWF 文件信息存储是以结构体的方式进行的。LWF 文件中主要包括发射脉冲采样数据和回波采样数据，其中来自地表目标物的回波波形采样数据以字符型或短整型数组的方式存储到结构体的 WFLEN 字段中，回波数据以何种方式存储主要是由量化的回波峰值大小决定，当峰值大于 255 时则以短整型方式存储，反之则以字符型方式存储，回波数据的启始位置信息记录在 LGC 文件的 WFI 参数中(八字节长整型)，Riegl 的波形记录仪记录的发射脉冲数据存储在 LWF 文件的 STRTWFLEN 字段中(字符型数组)。波形数据的采样间隔均为 1ns，约 0.149855m。在 LGC 文件中主要包含了每个脉冲的初始三维坐标信息、GPS 时间信息以及激光脉冲方向矢量信息。详细的格式说明见表 3-1。

表 3-1 　　　　　　　　　　　　　　LGC 文件格式说明

字段名	数据类型	大小	数据描述
WFI	I_64	8 Bytes	回波数据与发射脉冲第一个采样间的偏移量
T	DOUBLE	8 Bytes	发射脉冲的 GPS 时间
E0	DOUBLE	8 Bytes	发射脉冲第一个采样的坐标 X
N0	DOUBLE	8 Bytes	发射脉冲第一个采样的坐标 Y
H0	FLOAT	4 Bytes	发射脉冲第一个采样的坐标 Z
dE	FLOAT	4 Bytes	X 方向的微分
dH	FLOAT	4 Bytes	Y 方向的微分
WFOFFSET	USHORT	4 Bytes	Z 方向的微分
WFLEN	USHORT	2 Bytes	接收回波采样数
STRTWFLEN	USHORT	2 Bytes	发射脉冲采样数
SAMPDEPTH	BYTE	1 Bytes	0 表示数据以一个字节存储，1 表示以两个字节存储
RES	BYTE	1 Bytes	保留字段

2. 高斯分解流程描述

书中对机载数据的高斯分解处理是基于非线性最小二乘法基础上的，通过对实验数据和模拟数据的分解尝试，对其处理流程和关键方法做了进一步的总结。

1）去除噪声

系统接收的回波数据中包含了大量的噪声，如何合理地对噪声进行估计是波形数据处理的重要步骤。噪声估计得过小，则大量的噪声参与分解的过程，容易降低分解结果的精度，影响分解的速度；噪声估计得过大，则会导致有效回波信息的缺失。在实际的操作中，有文献中将发射脉冲的尾部几个数据的平均值作为噪声的估计，这种估计在一定程度上会造成噪声估计过小的情况发生，这是因为回波数据中的噪声还包括了大气的影响，因此，在对机载噪声进行估计时，可选择回波数据前面和后面部分的平均值作为有效噪声的估计。

2）数据平滑与拐点计算

采用高斯分解的方法是基于回波数据是一系列高斯函数叠加的假设，而每个高斯函数都存在两个拐点，通过回波拐点数的判别就可以确定回波中高斯函数的个数。虽然在第一步中对噪声进行了估计，但是波形背景噪声带来的波形随机振幅变化的影响却并没有去除，这会导致实际上并不包含反射信号的波形部分错误地探测到伪高斯函数，因此在对拐点个数进行计算时要先对观测波形进行平滑。在实际操作中，一般选择与发射脉冲宽度较为接近或稍小一点的高斯函数作为滤波器，可以获得较为理想的结果。对于拐点的计算，采用了公式（3-31）：

$$F(k) = (f(x_{k-1}) + f(x_{k-3}) - 2 \cdot f(x_{k-2})) \cdot (f(x_k) + f(x_{k+2})$$
$$- 2 \cdot f(x_{k+1})) < 0 \qquad (3-31)$$

3）初始参数的获取

在获取拐点的基础上，认为相邻两个拐点就可以确定一个高斯函数。假设 P_{2i}，P_{2i-1} 分别为奇偶相邻的两个拐点，那么高斯函数的位置 X、宽度 σ_i、振幅 A_i（用这两个拐点间的最大值表示）可分别表示为：

$$X_i = (P_{2i} - P_{2i-1}) \qquad (3-32)$$
$$\sigma_i = (P_{2i} + P_{2i-1})/2 \qquad (3-33)$$
$$A_i = \mathrm{MAX}(F(P_{2i-1} : P_{2i})) \qquad (3-34)$$

4）参数优化

假设通过拐点的计算确定了 n 个高斯函数的参数估计值，将其与背景噪声水平的估计值作为非线性最小二乘法进行拟合的初始估计值，通过最小化观测和近似波形之间不拟合量来优化参数。Levenburg-Marquardt（LM）技术是一种较为有效的非线性最小二乘法拟合方法，书中采用了 LM 方法实现对初始参数的优化。如果优化的不拟合量不能满足要求，则需要对噪声水平和拐点重新进行计算。其中不拟合量可以根据实际需要进行设定，一般将回波 3 倍的标准差作为一个标准，可以表示为公式(3-35)：

$$\sqrt{\frac{1}{N}\sum_{k=1}^{N}(f(x_k)-y_k)^2} < \varepsilon \qquad (3\text{-}35)$$

5）条件判断

由于参数优化过程中未添加任何约束条件，优化的结果可能与实际情况有一定的差别，因此需要设定一定的条件对优化结果进行判断，剔除不满足条件的拟合结果。回波由于受大气及目标物的影响，一般较发射脉冲有一定的展宽，因此在实际操作中将发射脉冲的宽度作为拟合回波宽度的下限，同时其展宽也不是没有限制的，将其上限设为发射脉冲宽度的 3 倍。此外还设定了优化结果振幅的上下限，即大于 3 倍的标准差而小于回波最大值。

6）进一步优化

经过上一步的筛选，剔除了部分拟合结果，不拟合量进一步增大，需要对剩余结果再进行一次拟合，使拟合结果更接近于原始回波。

7）无满足条件的回波处理

通过条件的判断，部分回波可能不存在满足条件的拟合结果，这主要是由于非线性最小二乘法容易限于局部最优解。对于这种情况，在具体的操作中采用提取若干局部最大值点进行拟合，使得每个回波均可以获得分解结果。

3.4.3　植被冠层雷达回波纠正

激光雷达模型能较好地模拟植被冠层激光雷达回波信号，所以可以根据激光雷达方程进行激光雷达波形纠正。根据激光雷达方程，原始激光雷达回波为 $\dfrac{\mathrm{d}R_v(Z)}{\mathrm{d}Z}$，为了使回波波形数据便于比较，通常进行标准化，共同除以回波总能量：

$$\frac{-\dfrac{\mathrm{d}R_v(Z)}{\mathrm{d}Z}}{R_v(O)+R_g} = \frac{J_0\rho_v\dfrac{\mathrm{d}P(Z)}{\mathrm{d}Z}}{R_v(O)+R_g} \qquad (3\text{-}36)$$

由于 $R_v(O)=J_0\rho_v(1-P(O))$ 与 $R_g=J_0\rho_g P(O)$，式(3-36)可以写成

$$\frac{-\dfrac{\mathrm{d}R_v(Z)}{\mathrm{d}Z}}{R_v(O)+R_g} = \frac{\dfrac{\mathrm{d}P(Z)}{\mathrm{d}Z}}{[1-P(O)]+\dfrac{\rho_g}{\rho_v}P(O)} \qquad (3\text{-}37)$$

可以得到$\dfrac{\mathrm{d}P(Z)}{\mathrm{d}Z}$是冠层孔隙度概率密度函数，反映了植被覆盖度随高度的变化情况，被定义为标定波形。在此基础上可以得到相对植被冠层高度分布函数或真实植被冠层高度分布函数为(Lefsky M A et al.，1999； Harding D J et al.，2005)

$$\mathrm{CHP}(Z) = F_{\mathrm{app}}(Z) = \frac{1}{P(Z)}\frac{\mathrm{d}P(Z)}{\mathrm{d}Z} \approx \frac{\mathrm{dln}P(Z)}{\mathrm{d}Z} \tag{3-38}$$

第4章　遥感物理模型

4.1　电磁波谱

根据麦克斯韦电磁场理论，假定在空间某区域内电场有变化，在邻近区域将引起变化磁场；这一变化的磁场又在较远的区域引起新的变化电场，并在更远的区域内引起新的变化磁场。这种变化的电场和磁场交替产生，由近至远，以有限的速度在空间内传播的过程称为电磁波(Electromagnetic Wave)。它是在真空或物质中通过传播电磁场的振动而传输电磁能量的波。电磁波的传输可以从麦克斯韦方程式中推导出。

电磁波具有波动性和粒子性两种性质，简称为波粒二象性。从能量的角度，电磁波又称为电磁辐射。试验证明，无线电波、微波、红外线、可见光、紫外线、γ射线等都是电磁波，只是波源不同，波长(或频率)也各不相同。

在电磁波谱中，波长最长的是无线电波，无线电波又依波长不同分为长波、中波、短波、超短波和微波。其次是红外线、可见光、紫外线，再次是X射线。波长最短的是γ射线。整个电磁波谱形成了一个完整、连续的波谱图。各种电磁波的波长(或频率)之所以不同，是由于产生电磁波的波源不同。

遥感中常用的各光谱段的主要特性如下：

紫外线波长范围为 $0.01 \sim 0.4 \mu m$。太阳辐射含有紫外线，通过大气层时，波长小于 $0.3 \mu m$ 的紫外线几乎都被吸收，只有 $0.3 \sim 0.4 \mu m$ 波长的紫外线部分能穿过大气层到达地面，且能量很少，并能使溴化银底片感光。紫外波段在遥感中的应用比其他波段晚。目前，主要用于探测碳酸盐岩分布。碳酸盐岩在 $0.4 \mu m$ 以下的短波区域对紫外线的反射比其他类型的岩石强。另外，水面漂浮的油膜比周围水面反射的紫外线要强烈，因此可用于油污染的监测。但是紫外波段在空中可探测的高度大致在 2000m 以下，对高空遥感不宜采用。

可见光在电磁波谱中，只占一个狭窄的区间，波长范围 $0.4 \sim 0.76 \mu m$。它由红、橙、黄、绿、青、蓝、紫色光组成。人眼对可见光可直接感觉，不仅对可见光的金色光,而且对不同波段的单色光,也都具有这种能力。所以,可见光是作为鉴别物质特征的主要波段。在遥感技术中,常用光学摄影方式接收和记录地物对可见光的反射特征。也可将可见光分成若干个波段同一瞬间对同一景物、同步摄影获得不同波段的像片;亦可采用扫描方式接收和记录地物对可见光的反射特征。可见光是遥感中最常用的波段。

红外线波长范围为 $0.76 \sim 1000\mu m$,为了实际应用方便,又将其划分为:近红外($0.76 \sim 3.0\mu m$),中红外($3.0 \sim 6.0\mu m$),远红外($6.0 \sim 15.0\mu m$)和超远红外($15 \sim 1000\mu m$)。

近红外在性质上与可见光相似,所以又称为光红外。由于它主要是地表面反射太阳的红外辐射,因此又称为反射红外。在遥感技术中采用摄影方式和扫描方式接收和记录地物对太阳辐射的红外反射。在摄影时,由于受到感光材料灵敏度的限制,目前只能感测 $0.76 \sim 1.3\mu m$ 波长范围。近红外波段在遥感技术中也是常用波段。

中红外、远红外和超远红外是产生热感的原因,所以又称为热红外。自然界中任何物体,当温度高于绝对温度($-273.5℃$)时,均能向外辐射红外线。物体在常温范围内发射红外线的波长多在 $3 \sim 40\mu m$,而 $15\mu m$ 以上的超远红外线易被大气和水分子吸收,所以在遥感技术中主要利用 $3 \sim 15\mu m$ 波段,更多的是利用 $3 \sim 5\mu m$ 和 $8 \sim 14\mu m$ 波段。红外遥感是采用热感应方式探测地物本身的辐射(如热污染、火山、森林火灾等),所以工作时不仅白天可以进行,夜间也可以进行,能进行全天时遥感。

微波的波长范围为 $0.001 \sim 1m$。微波又可分为毫米波、厘米波和分米波,微波辐射和红外辐射两者都具有热辐射性质。由于微波的波长比可见光、红外线要长,能穿透云、雾而不受天气影响,所以能进行全天候全天时的遥感探测。微波遥感可以采用主动或被动方式成像,另外,微波对某些物质具有一定的穿透能力,能直接透过植被、冰雪、土壤等表层覆盖物。因此,微波在遥感技术中是一个很有发展潜力的遥感波段。

4.1.1 电磁辐射源

自然界中一切物体在发射电磁波的同时,也被其他物体发射的电磁波所辐射。遥感的辐射源可分为自然电磁辐射源和人工电磁辐射源两类,它们之间没有什么原则区别。就像电磁波谱一样,从高频率到低频率是连续的。物质发射的电磁辐射也是连续的。

1. 自然辐射源

自然辐射源主要包括太阳辐射和地物的热辐射。太阳辐射是可见光及近红外遥感的主要辐射源，地球是远红外遥感的主要辐射源。

（1）太阳辐射。太阳辐射是地球上生物、大气运动的能源，也是被动式遥感系统中重要的自然辐射源。太阳表面温度约有6000K，内部温度则更高。地球表面所测的太阳光谱辐射强度曲线与温度为5900K的理想黑体所产生的光谱曲线相似。在遥感理论计算中就利用这种黑体来模拟太阳辐射光谱。太阳辐射覆盖了很宽的波长范围，由1Å直至10m以上，包括γ射线、紫外线、红外线、微波及无线电波。太阳辐射能主要集中在0.3~3μm波段，最大辐射强度位于波长0.47μm左右。由于太阳辐射的大部分能量集中在0.4~0.76μm之间的可见光波段，所以太阳辐射一般称为短波辐射。

太阳辐射主要由太阳大气辐射所构成，太阳辐射在射出太阳大气后，已有部分的太阳辐射能被太阳大气（主要是氢和氮）所吸收，使太阳辐射能量受到一部分损失。太阳辐射以电磁波的形式，通过宇宙空间到达地球表面（约1.5×10^8km），全程时间约500s。地球挡在太阳辐射的路径上，以半个球面承受太阳辐射。在地球表面上各部分承受太阳辐射的强度是不相等的。当地球处于日地平均距离时，单位时间内投射到位于地球大气上界，且垂直于太阳光射线的单位面积上的太阳辐射能为1385 ± 7W/m^2。此数值称为太阳常数。一般来说，垂直于太阳辐射线的地球单位面积上所接收到的辐射能量与太阳至地球距离的平方成反比。太阳常数不是恒定不变的，一年内约有7%的变动。太阳辐射先通过大气圈，然后到达地面。由于大气对太阳辐射有一定的吸收、散射和反射，所以投射到地表面上的太阳辐射强度有很大衰减。

（2）地球的电磁辐射。地球辐射可分为两个部分：短波（0.3~2.5μm）和长波（6μm以上）部分。

地球表面的平均温度为27℃（绝对温度300K），地球辐射峰值波长为9.66μm。在9~10μm之间，地球辐射属于远红外波段。当对地面目标地物进行遥感探测时，传感器接收到小于3μm的波长，主要是地物反射太阳辐射的能量，而地球自身的热辐射极弱，可忽略不计；传感器接收到大于6μm波长，主要是地物本身的热辐射能量；在3~6μm范围的中红外波段，太阳与地球的热辐射均要考虑。所以在进行红外遥感探测时，选择清晨时间，其目的就是为了避免太阳辐射的影响。地球除了部分反射太阳辐射以外，还以火山喷发、温泉和大地热流等形式，不断地向宇宙空间辐射能量。每年通过地表面流出的总

热量约为 1×10^{21} J。

2. 人工辐射源

主动式遥感采用人工辐射源。人工辐射源是指人为发射的具有一定波长（或一定频率）的波束。工作时接收地物散射该光束返回的后向反射信号强弱，从而探知地物或测距，称为雷达探测。雷达又可分为微波雷达和激光雷达。在微波遥感中，目前常用的主要为侧视雷达。

4.1.2　地物的光谱特性

自然界中任何地物都具有其自身的电磁辐射规律，如具有反射，吸收外来的紫外线、可见光、红外线和微波的某些波段的特性；它们又都具有发射某些红外线、微波的特性；少数地物还具有透射电磁波的特性，这种特性称为地物的光谱特性。

1. 地物的反射光谱特性

当电磁辐射能量入射到地物表面上，将会出现三种过程：一部分入射能量被地物反射；一部分入射能量被地物吸收，成为地物本身内能或部分再发射出来，一部分入射能量被地物透射。根据能量守恒定律可得：

$$P_0 = P_\rho + P_\alpha + P_\tau \tag{4-1}$$

式中，P_0 为入射的总能量，P_ρ 为地物的反射能量，P_α 为地物的吸收能量，P_τ 为地物的透射能量。

式(4-1)两端同除以 P_0 得

$$1 = \frac{P_\rho}{P_0} + \frac{P_\alpha}{P_0} + \frac{P_\tau}{P_0} \tag{4-2}$$

令 $P_\rho/P_0 \times 100\% = \rho$（反射率），即地物反射能量与入射总能量的百分率。$P_\alpha/P_0 \times 100\% = \alpha$（吸收率），即地物吸收能量与入射总能量的百分率。$P_\tau/P_0 \times 100\% = \tau$（透射率），即地物透射能量与入射总能量的百分率。则式(4-2)可写成：

$$\rho + \alpha + \tau = 1 \tag{4-3}$$

对于不透明的地物，$\tau = 0$，式(4-3)可写成：

$$\rho + \alpha = 1 \tag{4-4}$$

式(4-4)表明，对于某一波段反射率高的地物，其吸收率就低，即为弱辐射体；反之，吸收率高的地物，其反射率就低。地物的反射率可以测定，而吸收率则可通过式(4-4)求出，即 $\alpha = 1 - \rho$。

1）地物的反射率

不同地物对入射电磁波的反射能力是不一样的，通常采用反射率(或反射系数、或亮度系数)来表示。它是地物对某一波段电磁波的反射能量与入射总能量之比，其数值用百分率表示。地物的反射率随入射波长而变化。

地物反射率的大小，与入射电磁波的波长、入射角的大小以及地物表面颜色和粗糙度等有关。一般来说，当入射电磁波波长一定时，反射能力强的地物，反射率大，在黑白遥感图像上呈现的色调就浅。反之，反射入射光能力弱的地物，反射率小，在黑白遥感图像上呈现的色调就深。在遥感图像上色调的差异是判读遥感图像的重要标志。

2）地物的反射光谱

地物的反射率随入射波长变化的规律，叫做地物反射光谱。按地物反射率与波长之间的关系绘成的曲线(横坐标为波长值，纵坐标为反射率)，称为地物反射光谱曲线。不同地物由于物质组成和结构不同具有不同的反射光谱特性。因而可以根据遥感传感器所接收到的电磁波光谱特征的差异来识别不同的地物，这就是遥感的基本出发点。

根据上述可知，不同地物在不同波段反射率存在着差异。因此，在不同波段的遥感图像上即呈现出不同的色调。这就是判读识别各种地物的基础和依据。设计遥感传感器探测波段的波长范围，是通过分析比较地物光谱数据而选择设置的，如美国陆地卫星多光谱扫描仪(Multi-Spectral Scanner，MSS)最初所选择的四个波段分别为：MSS_1：$(0.5 \sim 0.6\mu m)$，MSS_2：$(0.6 \sim 0.7\mu m)$，MSS_3：$(0.7 \sim 0.8\mu m)$，MSS_4：$(0.8 \sim 1.1\mu m)$，主要是针对植被、土壤、水体以及含氧化铁岩矿石分类的识别需要而设置的。

同类地物的反射光谱是相似的，但随着该地物的内在差异而有所变化。这种变化是多种因素造成的，如物质成分、内部结构、表面光滑程度、颗粒大小、几何形状、风化程度、表面含水量及色泽等差别。例如，对植被来说，不同类型植物之间反射光谱特性曲线存在着一定的差异，这种差异可用来识别不同的植物类型。即使是同类植物，随着叶子的新老、稀密、土壤、水分含量和有机质含量的不同，或者受到大气污染和病虫害等的影响，它们在各个波段的反射率也是不同的。健康的松树在可见光波长范围反射率稍低于有病害的松树，特别是在叶绿素吸收带，健康的松树比有病害的松树反射率明显小。而在近红外波段，健康松树的反射率则明显高于有病害松树。有病害的松树随着病害的加重，在近红外波段反射率明显降低，反映出病害植被的特征。这种现象在近红外波段像片上反映很清楚，故而可把健康的和有病害的植被区别开来。

研究地物的光谱特性，还应考虑其时间特性和空间特性的变化。时间特性是指同一位置上的同一地物，由于时间的推移，该地物在一段时间内光谱特性的变化。空间特性是指同一类地物，由于其所处的地理位置不同，光谱特性可能存在的一些差异和变化。遥感图像上集中反映出各种地物或现象的光谱特性，并体现出其光谱特性的空间特性和时间特性的变化。因此，在以遥感图像中识别地物和现象的属性及其研究它们之间的关系和演化变化规律时，必须首先了解和掌握地物的光谱特性，以及它们空间和时间特性的变化。地物光谱特性是进行判读、识别的基础和出发点。

2. 地物的发射光谱特性

任何地物当温度高于绝对温度 0K 时，组成物质的原子、分子等微粒，在不停地做热运动，都有向周围空间辐射红外线和微波的能力。通常地物发射电磁辐射的能力是以发射率作为衡量标准的。地物的发射率是以黑体辐射作为基准的。因此，在介绍地物发射光谱特性之前，先介绍有关的黑体辐射及电磁辐射的物理量。

1) 黑体辐射

早在 1860 年基尔霍夫(Kirchhoff)就提出用黑体这个词来说明能全部吸收入射辐射能量的地物。因此，黑体是一个理想的辐射体，黑体也是一个可以与任何地物进行比较的最佳辐射体。所谓黑体是"绝对黑体"的简称，指在任何温度下，对于各种波长的电磁辐射的吸收系数恒等于 1(100%)的物体。黑体的热辐射称为黑体辐射。显然，黑体的反射率 $\rho = 0$，透射率 $= 0$。

自然界并不存在绝对黑体，实用的黑体是由人工方法制成的。这种理想黑体模型的建立，是为了参照计算一般物体的热辐射而设计的。黑体模型种类较多，基本结构为能保持恒定温度的空腔，既能全部吸收进入腔体内的各种波长的电磁辐射，又能 100% 地发射某一波长的辐射。

2) 黑体热辐射定律

1900 年普朗克用量子物理的新概念，推导出热辐射定律，可以用普朗克公式表示：

$$W_\lambda(\lambda, T) = \frac{2\pi hc^2}{\lambda^5} \cdot \frac{1}{e^{ch/\lambda kT} - 1} \tag{4-5}$$

式中，$W_\lambda(\lambda, T)$ 为光谱辐射通量密度，单位 $W \cdot cm^2/\mu m$；λ 为波长，单位 μm；h 为普朗克常量，$h = (6.6256 \pm 0.0005) \times 10^{-34} W \cdot s/K$；$c$ 为光速，$c = 3$

$\times 10^{10}$ cm/s；T 为绝对温度，单位为 K；k 为玻耳兹曼常量，$k = (1.38054 \pm 0.00018) \times 10^{-23}$ W·s/K；e 为自然对数的底，e = 2.718。

普朗克公式表示出了黑体辐射通量密度与温度的关系以及按波长分布的情况。普朗克公式与实验求出的各种温度（如从 200K 到 6000K）下的黑体辐射波谱曲线相吻合。黑体辐射的三个特性：

(1)辐射通量密度随波长连续变化，每条曲线只有一个最大值。

(2)温度愈高，辐射通量密度也愈大，不同温度的曲线是不相交的。

(3)随着温度的升高，辐射最大值所对应的波长移向短波方向。

对于全部波长范围内的辐射通量密度，可对普朗克公式从零到无穷大的波长范围内进行积分，可以得到：

$$W_0 = \int_0^\infty \frac{2\pi hc^2}{\lambda^5} \cdot \frac{1}{e^{ch/\lambda kT} - 1} d\lambda \tag{4-6}$$

转换成 1cm 面积黑体辐射到半球空间里的总辐射通量的表达式：

$$W_0 = \left[\frac{2\pi \cdot k^4}{15c^2 h^2} \right] T^4 = \sigma T^4 \tag{4-7}$$

式中：W_0 为黑体总辐射通量密度，单位为 W·cm^{-2}，σ 为斯忒藩-玻耳兹曼常量，$\sigma = (5.6697 \pm 0.0029) \times 10^{-2}$ W·cm^{-2}·K^{-4}。

式(4-7)为斯忒藩-玻耳兹曼定律，即黑体总辐射通量密度随温度的增加而迅速增大，它与温度的四次方成正比。因此，温度只要有微小变化，就会引起辐射通量密度很大的变化，在用红外装置测定温度时，就是将此定律作为理论依据的。

黑体辐射均有个极大值，它所对应的波长 λ_{max} 若对式(4-7)的 $W_\lambda(\lambda, T)$ 求波长的偏微分，并求极值，即可得到 λ_{max}：

$$\frac{\partial W_\lambda(\lambda, T)}{\partial \lambda} = 0 \tag{4-8}$$

经整理可得：

$$\lambda_{max} \cdot T = b \tag{4-9}$$

式中，λ_{max} 为辐射通量密度的峰值波长；b 为常数，$b = (2897.8 \pm 0.4)$ μm·K。

式(4-9)称为维恩位移定律，它说明随着温度的升高，辐射最大值对应的峰值波长向短波方向移动。

上述讨论的是黑体辐射，自然界的一般物体不是黑体，但在某一确定温度时，物体最强辐射所对应的波长 λ_{max}，也可以用维恩位移公式计算出近似值。

如：人体表面平均温度为37°（即310K），其发射到空间的电磁辐射的峰值波长为 $\lambda_{max} = \dfrac{b}{T} = \dfrac{2897}{310} \approx 9.34m$，即人体辐射的峰值波长位于热红外波段。

3）地物的发射率

上述斯忒藩-玻耳兹曼定律、维恩位移定律只适用黑体辐射，但是在自然界中，黑体辐射是不存在的，一般地物辐射能量总要比黑体辐射能量小。如果利用黑体辐射有关公式，则需要增加一个因子，这个因子就是发射率，或称"比辐射率"。发射率是指地物的辐射出射度（即地物单位面积发出的辐射总通量）W 与同温度的黑体辐射出射度（即黑体单位面积发出的辐射总通量）$W_{黑}$ 的比值。常用 ε 表示，即

$$\varepsilon = \frac{W}{W_{黑}} \tag{4-10}$$

地物的发射率与地物的性质、表面状况（如粗糙度、颜色等）有关，且是温度和波长的函数。例如：同一地物，其表面粗糙或颜色较深，发射率往往较高，表面光滑或颜色较浅，发射率则较小。不同温度的同一地物，有不同的发射率（如石英在温度为250K时 $\varepsilon = 0.748$，在温度为500K时 $\varepsilon = 0.819$）。物体表面温度主要受地物本身物理性质的影响，如地物的比热、热导率、热扩散率及热惯量等，其中比热和热惯量的影响较大。

比热是指物质储存热的能力（即1g物质，温度升高1℃所需的热量大小）。热惯量是度量物质热惰性大小的物理量，也是两种物质界面上热传导速率的一种度量。物质热惯量的大小，决定于其热导率、热容量及密度等物理量。总之，比热大，热惯量大，以及具有保温作用的地物，一般发射率大，反之发射率就小。例如水体，在白天水面光滑明亮，表面反射强而温度较低，发射率亦较低；而到夜间，水的比热大，热惯量也高，故而发射率较高。

4.1.3　大气对电磁辐射的影响

由于大气分子及大气中包含的气溶胶粒子的影响，光线在吸收及散射的同时透过大气。由此引起的光线强度的衰减叫做消光，表示消光比例的系数叫消光系数。由大气作用引起的光的吸收量、散射量时使用光学厚度。大气中的光学厚度可以把各高度中大气的消光系数用该大气层的厚度进行积分，用积分后的值来表示。

大气对太阳辐射的影响。太阳辐射到地球上时，由于受大气分子、尘埃和云等的影响，能量逐渐减弱，约有30%被云层和其他大气成分反射回宇宙空

间，约有 17% 被大气吸收，约有 22% 被大气散射，而仅有 31% 的太阳辐射辐射到地面。

1. 大气的反射作用

大气的反射作用影响最大，由于云层的反射对电磁波各波段均有强烈影响，造成对遥感信息接收的严重障碍。因此目前在大多数遥感方式中，都只考虑无云天气情况下的大气散射、吸收的衰减作用。

2. 大气的吸收作用

太阳辐射通过大气层时，大气层中某些成分对太阳辐射产生选择性的吸收，即把部分太阳辐射能转换为本身的内能，使温度升高。由于各种气体及固体杂质对太阳辐射波长的吸收特性不同，使有些波段通过大气层到达地面，而另一些波段则全部被吸收不能到达地面。因此，造成了许多不同波段的大气吸收带。它们吸收太阳辐射的主要波段有：

(1)氧(O_2)。大气中氧含量约占 21%，它主要吸收小于 $0.2\mu m$ 的太阳辐射能量，在波长 $0.155\mu m$ 处吸收最强，由于氧的吸收，在低层大气内几乎观测不到小于 $0.2\mu m$ 的紫外线，在 $0.6\mu m$ 和 $0.76\mu m$ 附近，各有一个窄吸收带，吸收能力较弱。因此，在高空遥感中很少应用紫外波段。

(2)臭氧(O_3)。大气中臭氧的含量很少，只占 0.01%~0.1%，但对太阳辐射能量吸收很强。臭氧有两个吸收带，一个波长为 $0.2\sim0.36\mu m$ 的强吸收带，另一个波长为 $0.6\mu m$ 附近的吸收带，该吸收带处于太阳辐射的最强部分，因此该带吸收最强。臭氧主要分布在 30km 高度附近，因而对高度小于 10km 的航空遥感影响不大，而主要对航天遥感有影响。

(3)水(H_2O)。水在大气中以气态和液态的形式存在，它是吸收太阳辐射能量最强的介质。从可见光、红外直至微波波段，到处都有水的吸收带，主要吸收带是处于红外和可见光中的红光波段，其中红外部分吸收最强。例如：在 $0.5\sim0.9\mu m$ 有 4 个窄吸收带，在 $0.95\sim2.85\mu m$ 有 5 个宽吸收带。此外，在 $6.25\mu m$ 附近有个强吸收带。因此，水汽对红外遥感有很大影响，而水汽的含量随时间、地点而变化。液态水的吸收比水汽吸收更强，但主要是在长波方面。

(4)二氧化碳(CO_2)。大气中二氧化碳含量很少，占 0.03%，它的吸收作用主要在红外区内。

(5)尘埃。它对太阳辐射也有一定的吸收作用，但吸收量很少，当有沙尘暴、烟雾和火山爆发等发生时，大气中尘埃急剧增加，这时它的吸收作用才比较显著。

3. 大气的散射作用

大气中各种成分对太阳辐射吸收的明显特点，是吸收带主要位于太阳辐射的紫外和红外区，面对可见光区基本上是透明的。但当大气中有大量云、雾、小水滴时，由于大气散射使得可见光区也变成不透明了。大气对太阳辐射散射造成损失，这种散射不同于吸收，散射不会将辐射能转变成质点本身的内能，而是只改变了电磁波传播的方向。大气散射作用使部分辐射能由于改变辐射方向，干扰了传感器的接收，降低了遥感数据的质量，造成影像的模糊，影响遥感资料的判读。

大气散射与吸收不同，主要集中于太阳与辐射能量较强的可见光区。

根据辐射的波长与散射微粒的大小之间的关系，散射作用可分为三种：瑞利散射、米氏散射和非选择性散射。

(1)瑞利散射。当微粒的直径(d)比辐射波长(λ)小得多时($d<\lambda/10$)，此时散射为瑞利散射。主要是由大气分子对可见光的散射引起的，所以瑞利散射也叫分子散射。由于散射系数与波长的四次方成反比，当波长大于$1\mu m$时，瑞利散射基本上可以忽略不计。因此红外线、微波可以不考虑瑞利散射的影响。但对可见光来说，由于波长较短，瑞利散射影响较大。如晴朗的天空呈碧蓝色，就是由于大气中的气体分子把波长较短的蓝光散射到天空中的缘故。

(2)米氏散射。当微粒的直径与辐射光的波长差不多时($即d\approx\lambda$)，称为米氏散射。它是由大气中气溶胶所引起的散射。由于大气中云、雾等悬浮粒子的大小与$0.76\sim15\mu m$的红外线的波长差不多，因此，云、雾对红外线的米氏散射是不可忽视的。

(3)非选择性散射。当微粒的直径比波长大得多时($即d>\lambda$)所发生的散射称为非选择性散射。散射系数为一常数，散射与波长无关，即任何波长散射强度相同。如大气中的水滴、雾、烟、尘埃等气溶胶对太阳的辐射，常常出现这种散射。常见到的云或雾都是由比较大的水滴组成的，符合$d>\lambda$，云或雾之所以看起来是白色，是因为它对各种波长的可见光散射均是相同的。对近红外、中红外波段来说，由于$d>\lambda$，所以属非选择性散射，这种散射将使传感器接收到的数据严重衰减。

综上所述，太阳辐射的衰减主要是由散射造成的，散射衰减的类型与强弱主要和波长密切相关。在可见光和近红外波段，瑞利散射是主要的。当波长超过 1m 时，可忽略瑞利散射的影响。米氏散射对近紫外直到红外波段的影响都存在。因此，在短波中瑞利散射与米氏散射相当。但在当波长大于 $0.5\mu m$ 时，米氏散射超过了瑞利散射的影响。在微波波段，由于波长比云中小雨滴的直径还要大，所以小雨滴对微波波段散射属于瑞利散射，因此，微波有极强的穿透云层的能力。而红外辐射穿透云层的能力虽然不如微波，但比可见光的穿透能力大 10 倍以上。

太阳光通过大气要发生反射、散射和吸收，地物反射光在进入传感器前，还要再经过大气并被散射和吸收，这将造成遥感图像的清晰度下降。所以在选择遥感工作波段时，必须考虑到大气层的反射、散射和吸收的影响。

大气窗口：大气层的反射、吸收和散射作用，削弱了大气层对电磁辐射的透明度。电磁辐射与大气相互作用产生的效应，使得能够穿透大气的辐射，局限在某些波长范围内。通常把通过大气而较少被反射、吸收或散射的透射率较高的电磁辐射波段称为大气窗口。因此，遥感传感器选择的探测波段应包含在大气窗口之内。

环境因素对地物光谱特性产生影响：①地形；②地物的物理性状；③微观成分；④与光源的辐射强度有关；⑤与季节有关；⑥与探测时间有关；⑦与气象条件有关。

4.2　辐射传输模型

辐射传输理论最初是从研究光辐射在大气(包括行星大气)中传播的规律和粒子(包括电子、质子、中子等基本粒子)在介质中的运输规律时总结出来的规律性知识。

例如，当光子在大气中传播时，可设想为光子与大气介质之间的相互作用过程，它可用两种物理过程来描述，即吸收过程与散射过程，其吸收与散射的强度均可用质量吸收削弱系数 $k_{a\lambda}$ 和质量散射削弱系数 $k_{s\lambda}$ 来描述，光子经历了 dl 距离后，其削弱量可表示为：

$$dI_\lambda = - (k_{a\lambda} + k_{s\lambda}) \rho I_\lambda dl \tag{4-11}$$

式中，ρ 为介质的质量密度，I_λ 为投影到介质上的光强度。事实上，光通过介质不仅有削弱而且有增强，其增强作用来自于多次散射和介质自身的热辐射，如果我们仅考虑短波范围内，那么介质自身的热辐射可以忽略。把多次散射的增强作用，用一个"源"函数 j_λ 表达的话，则

$$dI_\lambda = - k_\lambda \rho I_\lambda dl + j_\lambda \rho dl \tag{4-12}$$

此处 $k_\lambda = k_{a\lambda} + k_{s\lambda}$ 称为削弱系数，如 $J_\lambda = j_\lambda / k_\lambda$，

$$\frac{\mathrm{d}I_\lambda}{k_\lambda \rho \mathrm{d}l} = -I_\lambda + J_\lambda \tag{4-13}$$

$$J_\lambda = \frac{\omega}{4\pi} \int_{4\pi} I(l, \Omega') P(l, \Omega' \to \Omega) \, \mathrm{d}\Omega' \tag{4-14}$$

此处，$\omega = \dfrac{k_{s\lambda}}{k_{a\lambda} + k_{s\lambda}}$ 称为单次散射反照率；$P(l, \Omega' \to \Omega)$ 称为相函数，它描述了入射光由 Ω' 方向射入，散射光在 Ω 方向上射出时的相对强度，它决定于介质的散射特性。式(4-14) 即为与坐标选取无关的最一般的辐射传输方程的表达式。

因为大气参数在垂直方向上的变化大大地超过其水平方向上的变化，因此假定大气满足水平均一、垂直分层的模式（即随机介质或称为混浊介质），是对实际大气的一种很好的近似。人们联想到光与连续植被的相互作用是否也满足以上辐射传输方程，连续植被近似为水平均一，垂直分层模型也是十分合理的，但是由于它们之间仍然存在着明显的差别，主要表现在大气中的散射体是大气分子、气溶胶、云滴等，它们均可以近似为质点或球形体，而植被中的主要散射体是叶子，叶子是一个有一定形状的面积元。大气中的散射体中具有对称结构的球形体对光散射具有轴对称性，而叶子对光的散射不仅与来向有关，还与叶子的表面状况及取向关系密切，这说明植被中辐射的传输过程远比大气中的传输过程情形复杂，因此在将此理论运用于植被群体之前首先必须对其结构作一定的假设，其中最基本的假设就是植被的各组分(叶、茎、花或穗等)为已知光学性质和取向的小的吸收体和散射体。群体被认为是由它们在水平方向按随机分布方式组成的平面平行层(Plane-parallel Layer)的集合，把叶面积指数(LAI)、叶角分布(LAD)等作为群体的基本结构参数来考虑群体结构对其垂直辐射场地的影响，同时考虑叶片的散射特性和群体的多次散射作用。辐射传输模型是目前水平均匀群体中应用最为广泛的模型，其场景如图 4.1(a) 所示。随着对模型的适用范围的不断提高，先后出现了许多改进的辐射传输模型，其模拟适用的场景越来越接近实际情况，如图 4.1(b)、图 4.1(c) 所示。

SAIL 模型是应用广泛的一维辐射传输模型之一(Verhoef W et al. , 2007)，与四流近似 Suits 模型的求解方程完全相同，不同之处在于 SAIL 模型以接近现实的任意取向的叶子去代替 Suits 模型的水平投影与垂直投影。SAIL 模型微分

图 4.1(a)　水平均匀的混浊介质

图 4.1(b)　水平均匀、垂直分层的混浊介质

图 4.1(c)　均匀、不连续的混浊介质

方程组写成(Verhoef W, 1985):

$$\frac{\mathrm{d}E_s}{L\mathrm{d}h} = kE_s \tag{4-15}$$

$$\frac{\mathrm{d}E^-}{L\mathrm{d}h} = -S'E_s + aE^- + \alpha E^+ \tag{4-16}$$

$$\frac{\mathrm{d}E^+}{Ldh} = SE_s + \alpha E^- + aE^+ \tag{4-17}$$

$$\frac{\mathrm{d}E_o}{Ldh} = wE_s + vE^- + vE^+ - KE_o \tag{4-18}$$

式中，L 为叶面积指数（LAI），h 为相对光学高度，从 -1（冠层底）到 0（冠层顶）变化。E_s 为太阳直射光通量密度，E_o 为观测方向的光线通量密度，E^+ 和 E^- 分别表示上行和下行散射光通量密度，E 的单位为 $w \cdot m^{-2} \cdot \mu m^{-1}$。$a$ 表示上行（或下行）散射光的削弱系数，α 表示散射后上行光转化为下行光（或下行光转化为上行光）的比例，s' 和 s 分别表示太阳直射光转化为下行和上行散射光的比例，w、v、v' 分别是太阳直射光、下行散射光、上行散射光向观测方向散射的比例，k 和 K 分别表示光线沿太阳入射方向和观测方向传播时的削弱系数，这些系数都是无量纲的。给定边界条件，微分方程组可解析求解。得到解析解之后的工作重点是如何导出辐射传输方程中各系数与植被几何参数的函数关系。

目前的辐射传输模型通常不考虑非叶器官的作用以及植被各组分间的空间距离和非随机的分布现象，因此它一般只适合于植被组分与群体密度相比很小的群体（如生长旺盛期的大田作物）以及其他稠密、水平均匀的群体。另外，如何有效地确定出叶子的散射相函数和考虑群体中非叶器官的作用，以及更精确地处理群体的"热点"效应和多次散射作用也是今后辐射传输模型中值得深入探究的问题。

4.3　几何光学模型

几何光学模型是以古老的几何光学原理为基础的经典模型。在此，假定植被是由已知几何形状和光学性质按一定的方式排列的几何体组成的。通过分析这些几何体对光线的截获和遮阴及地表面的反射率来确定植被冠层的方向反射。因此，几何光学方法首先要解决的是植被几何结构和空间分布，常用的模型有圆锥体、圆柱体、椭圆体等，其排列方式可以是规则的、丛生的或随机的；其次，根据几何学原理计算上述几何体在任一入射光方向和观察方向的组合下所形成的光斑区域和阴影区域的大小，利用它们各自已知的反射率求得整个植被下垫面的反射系数分布。几何光学方法以简洁明了的形式刻画了产生离散植被反射的主导原因，在宏观尺度上给予了把握，得到学术界的广泛认可。几何光学的核心是四个分量的概念和计算：光照植被、阴影植被、光照地面和阴影地面。根据该四个参数在不同光照和观测条件下的几何光学关系建立双向反射率分布模型。几何光学方法能够解释热点现象，且能够较好地描述稀疏林地的双向性反射特征。

　　该方法的代表为 Li-Strahler 几何光学模型(Li，Strahler，1986)和 Jupp 等(1986)提出的模型(Li X et al.，1985；Jupp D L B et al.，1986)。前者针对模型均假设几何体很小且可数，不能用于低密度、大个体的稀疏或其他非均匀群体的缺陷，直接用各种概率分布函数来模拟植被主要结构参数的空间分布。在考虑光线在植被中的衰减的同时，利用群体平均透射理论计算出相互遮盖的非均匀群体的平均间隙率。Jupp 等在 Li-Strahler 模式的基础上考虑森林的层次结构(树冠、灌木、草地和土壤)，建立了包括"热点"效应在内的椭球形树冠群体的几何光学模型。Strahler 等利用布尔分布模型建立了更一般的几何模式，它既能用于整个群体，又能用于单一冠层(Li X et al.，1992)，随后，李小文等通过改进的 Jupp 等的"热点"模式及考虑树冠相互遮蔽的影响，使几何模式的精度又有所提高(Li X et al.，1995)。陈镜明等(1997)将几何光学模型做了进一步的发展，提出 4-Scale 及其后的 5-Scale 模型，5-Scale 是陈镜明和 Leblanc 提出的一个新的几何光学模型(Leblanc，2000)，该模型与 Li-Strahler 的几何光学模型的不同在于：假设树的分布服从双纽曼分布，模型考虑到了森林中的树株(树冠，树枝和嫩芽)的空间分布；比原来的几何光学模型多了两个尺度的考虑。该模型同样是只适用于离散植被的几何光学模型。

　　同其他模型相比，几何光学模型更适合于处理非均匀的植被群体，特别是低密度、大个体的稀疏群体，如灌木林、稀疏森林、果园等。但是，现在的几何光学模型一般对于辐射在植冠中的衰减的处理过于简单，这是因为几何光学模型一般把植被抽象成某种几何实体(图 4.2)，不考虑天空散射光和群体的多次散射作用，同时也不考虑植被-土壤系统的非朗伯辐射特性。这都使得几何光学模型的精度受到影响，尤其是在低太阳高度角(小于 30°)时，结果偏低，误差较大。

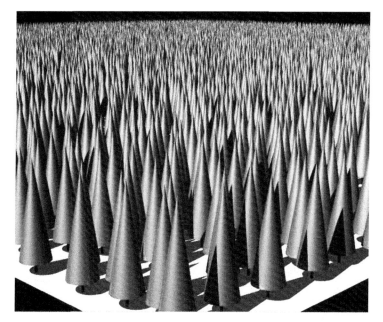

（a） 非均匀、离散植被场景侧视图

（b） 非均匀、离散植被场景顶视图

图 4.2 非均匀、离散植被场景侧视图和顶视图

4.4　混合模型

　　顾名思义，混合模型是几何光学模型和辐射传输模型的综合，随群体的每一组分的处理类似于辐射传输模型，被认为是光学性质已知的、小的吸收和散射体；而整个群体仍同几何模型一样，被处理成具有一定几何形状和空间分布特征植株的集合，从而克服了辐射传输模型中假定群体各组分随机分布的局限性，因此它是通用模型，也是最复杂的 BRDF 模型。

　　几何光学模型在离散植被的应用方面取得了较大的成功，但在浓密植被树冠之间相互阴影的计算方面非常复杂，仍然是一个难题。此外，几何光学方法也难以描述和解决非随机树冠分布的问题和森林树冠之间的多次散射问题。而辐射传输模型考虑了冠层的多次散射作用，因此在研究连续均匀植被冠层时表现了其优势。混合模型结合两种模型的优点，考虑到几何形状，因而冠层反射模型就被设计成具有已知尺寸、相对位置和距离的元素集合。考虑到叶子可以分配到亚冠层，每个亚冠层都具有不同的形状和尺寸，辐射与冠层的相互作用得以解决。

　　对于一般的非均匀群体，Norman 等及 Kimes 等分别提出了各自的通用模型（BIGAR 模型和 3-D 模型），适用于具有任何给定曲面形状，以任意方式分布的植被。BIGAR 模型的核心是首先计算给定群体的间隙率，然后以间隙率相等为基础得到等价的均匀群体，再用 Cupid 模型计算出相应的 BRDF（Kimes D S et al.，1982）。3-D 模型的出发点就是将植被在三维空间内划分成有限个单位尺度的立方体（图 4.3），将初始辐射场（群体顶部入射辐射）按其入射时的天顶角和方位角离散化。此模型的独到之处在于将前一个立方体散射或透射的辐射按其初射方向作为它所进入的下一个立方体的第二个辐射源，并且考虑多次散射作用。这样将所有立方体的辐射场有机地联系起来，从而得到了整个群体的辐射分布（Leblanc S G et al.，2001）。为了能够使模型适用于浓密的林地，李小文等又考虑了树冠的相互阴影效应（Li et al.，1992），并在考虑间隙率的基础上改善了冠层多次散射的影响（Li，Strahler，1986，1995），提出了几何光学-辐射传输 GORT（Geometric Optical Radiative Transfer）混合模型，它结合冠层结构的几何光学和在每个单个树冠内的辐射传输原理，假设来自光照和阴影树冠表面的多重散射均匀，从而实现了几何光学模型向辐射传输模型的逼近，是混合模型中经典的例子。

　　在上面的介绍中我们详细阐述了现在比较成功的几种定量遥感模拟方法。

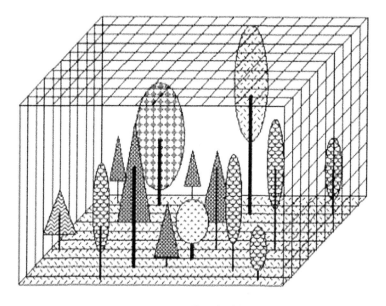

图 4.3 3-D 模型森林场景

N 流近似和纯几何方法对植被结构作比较简单的假定，一般能够比较直观地解释反射特性，计算效率比较高，便于反演；二者结合的方法或者计算机模拟方法则更重视从微观的角度更真实地反映在传输过程中很细微的能量交换过程，中间过程多，计算量大，但是在现代计算机编程技术的支持下也是可以实现的。目前模型发展的特点是更加灵活地选择模拟方法或者方法的组合，并且对植被冠层的描述也更加深化。冠层元素的有限维数(叶子大小和维数)、冠层的热点现象、非叶片元素、叶子元素的非随机空间分布(叶子的聚集指数)、大气-冠层耦合模型构建等问题成为冠层辐射传输模型的研究重点。另外，由于许多植被群落具有明显的垂直分层结构特性，目前具体的场景也开始从单层向两层结构发展，即由乔木层和灌草层组成(Kuusk A et al.，2004；谢东辉，2005)。

从理论上说，混合模型适用于任何非均匀程度的群体，但是上述混合模型除了它们各自特有的局限性外，还有两个共同的缺点：①没有完整地考虑土壤和植被各组分的非朗伯特征；②在模型中没有考虑群体的"热点"效应。另外，如何在允许的误差范围内进一步简化模式使其达到实用的程度也是今后混合模型要进一步完善的地方。

4.5　计算机模拟模型

前面讨论的三类模型在处理植被结构时通常不能同时考虑植被各组分的尺度大小、空间距离和随机的分布特征。这显然不能完整地反映出自然植被的真实特征。计算机模拟模型能比它们更灵活、更详细、更真实地处理上述非均匀群体问题，场景如图 4.4、图 4.5 所示，因此近 20 年来逐渐得到广泛的应用和发展。计算机模拟模型包括光线跟踪方法、辐射通量方法、蒙特卡罗方法三种方法，其中核心是蒙特卡罗(Monte Carlo)方法，它是一种在计算机上模拟给定分布函数和随机变量之统计特征的数学方法。下面分别介绍三种方法。

图 4.4　计算机模拟针叶林场景

1. 光线跟踪方法

在求解 BRDF 的方法中，为了便于计算，在建立模型时对物理过程使用了很多简化假设，这些假设往往忽略冠层表面和内部的精细结构特征，而这些精细结构特征有可能包含植被冠层的重要信息。因此，为了尽量细致地模拟植被的各种形态及生长结构特征，一些学者引入并发展了基于真实结构模拟的计算机模拟模型，以便克服理论模型中的缺点。遥感科学家的研究重点从研究植被的平均辐射过程向研究植被结构的定量描述上转移。在成功模拟植被结构后，光线跟踪最先被用于计算植被对电磁波的反射特征。光线跟踪算法成功地模拟

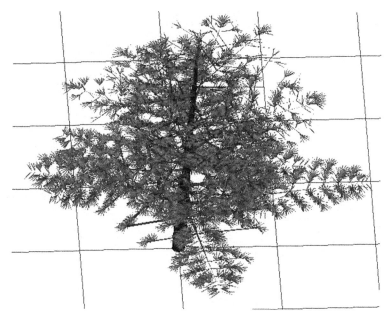

图 4.5   单棵针叶树的三维结构

了景物表面间的镜面反射，但是对于植被等复杂场景，所需的计算量显得过于庞大，目前一般的做法是引入不同的简化计算算法作为辅助来解决这个问题。

2. 辐射通量方法

辐射度（Radiosity）方法是继光线追踪算法后，计算植被双向性反射上的一个重要进展（谢东辉，2005）。20 世纪 80 年代末 90 年代初开始应用到定量遥感研究中（Borel et al.，1994；Garcia-Haro et al.，2002）。基于能量传递和守恒理论，研究散射物体（假定为朗伯体散射）表面之间的辐射能量交换。它考虑了光线与散射体表面之间相互作用的反射、透射和多次散射过程，以及物体自身的发射能量。Borel 等（1991）和 Goel 等（1991）最初将辐射度方法引入遥感领域计算植被冠层反射率，推导出了微分面元上的能量传递方程，在理论上阐明了辐射度方程和辐射传输方程从能量守恒的角度讲，两者是一致的，但前者研究的基本单元是小面元（或多边形），后者则是微体积元，这种差别直接导致了基于辐射度方法的模型能自然地反映出植被冠层的热点效应，而后者则需人为地进行某种形式的热点纠正才可产生热点效应。Qin 等（2000）进而发展了基于真实结构场景的辐射度模型 RGM（Radiosity-Graphics combined Model），并用于模拟半干旱地区植被（稀疏的草和灌木）的双向性反射率分布，与从三个平台（地面、塔台、卫星）上观测的不同尺度的反射率数据比较，取得了很好的一致性。

3. 蒙特卡罗方法

在蒙特卡罗方法中，选择一个随机数并根据入射光的方向分布确定入射光的方向，再用另一个随机数确定入射光进入植被的位置，然后用一个或几个随机数确定路径上的植被组分的位置、方向、种类以及入射光子是否碰到这个组分。如果发生碰撞，入射光就会被吸收或散射，散射方向由随机数与植被组分的散射相函数决定。下一个碰上的植被组分的位置则用另一个随机数以及前一个植被组分的散射函数决定。这个过程不断重复直至光线被吸收或最终到达传感器。然后选择其他的随机数，模拟下一个入射光子从"生"到"死"的过程。如此周而复始，不断重复，直至到达需要的精度要求为止。植被的辐射传输过程从微观上可以描述为以光子形式进行的辐射传输和散射过程（徐钟济，1985）。光子在植被冠层传输中不仅受到某些确定性因素的影响，更多的是受到随机性因素的影响。由于光子在植被冠层中的碰撞过程是一个随机过程，因此适合使用蒙特卡罗方法模拟植被 BRDF（Ross J K et al.，1988；Antyufeev V S et al.，1990）。基于计算机的蒙特卡罗（Metropolis，Ulam，1949）方法又称随机抽样技巧或统计试验方法。

日本学者早在 20 世纪 60 年代晚期就开始将上述的蒙特卡罗方法用于植被研究，由于这个方法效率太低，Smith 和 Oliver（1974）发展了一种属于解析与模拟方法混合的模型，模拟了植被冠层的直接反射随角度的变化特征，其从冠层的几何测量中获得了每一层的叶子倾角概率分布，并用辛普生原则获得了累计概率分布，以 Idos 和 dewit 的孔隙率模型来计算光子入射、出射时与各层叶子的相互作用概率，然后产生随机数与这一概率作比较来判断光子是进入空隙还是与叶子相碰撞：若与叶子相接，则叶子的法向用叶子倾角分布函数和均匀分布的方位角来确定，这两个参数也确定了光子方向和叶子的夹角；若光子穿过孔隙则进入下一层，若光子穿过所有叶层则射到土壤表面并被反射到叶层；若光子越出冠层上界，或光子的能量小于某一阈值就死亡。作者还对叶子反射光子处理上采用非朗伯体处理，从而植被可以分为薄层处理，每层对漫射光的反射也作了近似的简化处理，这样计算机的运算时间得以大幅度减少。Ross 和 Marshak（1987）也作了大量的努力来减少蒙特卡罗方法的计算量。他们的模型与传统 RT 模型一样，假定为水平无限的植被，但假定方格排列的等距植株具有圆柱形的茎和椭圆形的叶片，叶片的高度和排列都有相应的假定、规则和统计分布，因而向结构真实模型迈出了重要的一步。

计算机模拟方法在此领域的应用是多方面的。它能同时真实地考虑植被各组分大小、形状和任意的空间分布方式对群体 BRDF 的影响，模拟出群体内、外辐射场的统计特征，确定出可获得最大光和效能的最佳群体结构类型。如图 4.4 与图 4.5 所示计算机模拟针叶林场景和单棵针叶树的三维结构。另外，在研究群体中辐射与植株间的相互作用过程以及这些过程与群体结构参数之间的关系方面，计算机模拟方法也是很有效的。但是此方法目前还存在两大缺陷，最基本的不足就是为了获得较好的计算精度必须进行大量的实验和重复，且结果的收敛速度也较慢，因而十分费时。此外，在用遥感资料估算植被结构参数时，计算机模拟方法的适用性也常常受到群体结构变量数目的限制，这是我们应用计算机模拟模型时应注意的问题。

总的来说，每一类模型都有其各自的特点和适合的应用对象与范围，因而都有各自不可取代的存在价值而共同得到发展。但是目前的研究动态表明，各类模型相互渗透、取长补短，模式综合化的趋势越来越明显。虽然现有的模型都从不同角度或多或少地考虑了植被各组分和土壤的非朗伯散射特性、"热点"效应及群体的各种非随机空间分布等，但至今还没有任何一个模型完整地考虑了自然植被上述所有的真实特征，这就是今后植被 BRDF 模型研究所要解决的主要问题。

4.6 DART 模型

4.6.1 模型简介

Gastellu-Etchegorry 等（1996）建立的可模拟异质性三维场景辐射传输的 DART（Discrete Anisotropic Radiative Transfer）模型，是对 K-K 三维辐射传输模型的改进（Kimes D S et al.，1982）。DART 模型可模拟不均匀三维植被冠层场景的辐射传输，采用多种模拟方法，如光线跟踪与离散坐标技术，可以在可见光和近红外区域同时模拟包括自然地表在内的复杂三维场景。场景可以由叶片、茎干、水体、土壤等组成，三维场景被细分为小的长方体单元，并赋予长方体单元三维坐标，使用 Exact Kernel，Discrete Ordinate 方法及类似光子追踪算法来模拟能量的散射和传输，多次散射过程采用了两种算法加速迭代过程。

除了考虑地形影响和热点纠正外，也对叶片镜面散射和偏振特性进行了建模，可以认为 DART 模型是对辐射传输方程的精确数值求解模型。

　　模型由 DIRECTION（设置太阳与传感器位置）、PHASE（相函数的建立）、MAKET（三维场景建立，可以设置场景是否包含建筑物）、VEGETATION（植被三维结构参数设置）、DART（模型运行输出设置）等模块执行功能。最新版本的 DART 有两个功能模式：R 模式和 T 模式，R 模式模拟太阳直射或大气辐射的反射，T 模式模拟场景的热辐射。在 R 模式，DART 模型能够用蒙特卡罗方法精确模拟多次散射。DART 模型的两个主要输出是遥感图像和三维吸收、散射、截留或发射辐射收支。

　　DART 模型的主要模拟技术特征是光线跟踪和离散坐标方法，在模型中辐射传输通过迭代程序跟踪第 i 次被散射体截留作第 $(i+1)$ 次散射的辐射，直到小于入射值的某个比例时（默认比例 0.001），不再跟踪。而离散坐标方法，即将角变量 Ω 离散成 N_{dir} 连续的角分量，将微积分方程转换成 N_{dir} 微分方程。任意分量都有中心角 Ω_n 和角宽 $\Delta\Omega_n$。离散方向的总数是 $(N_{dir}+1)$，下面称作 Ω_o 或者 Ω_s，因为 $w(r,\ \Omega_n)=I(r,\ \Omega_n)$。$\Delta\Omega_n$ 功率在 r 方向沿 Ω 传输，$\forall n\in[1,\ N_{dir}]$，

$$\left[\mu_n\frac{d}{dz}+\eta_n\frac{d}{dy}+\zeta_n\frac{d}{dx}\right]W(r,\ \Omega_n)$$

$$=-\alpha(r,\ \Omega_n)\cdot W(r,\ \Omega_n)+\sum_{m=0}^{N_{dir}}\alpha(r,\ \Omega_m)\cdot\omega(r,\ \Omega_m)\cdot\frac{P(r,\ \Omega_m\to\Omega_n)}{4\pi}\cdot$$

$$W(r,\ \Omega_m)\cdot\Delta\Omega_n+\alpha_B\cdot W(r,\ \Omega_n)N_{dir}$$

　　式中，立体角 $\Delta\Omega_n$ 必须足够小，尤其是当介质异质并且相函数各向异性，才能够使计算结果精确。

　　场景是由体元，也称三维像素（Voxels）构成的，体元是一种基于立体概念的像素。通常的普通像素只需要 X、Y 轴两个坐标来定位它在空间中的方位，而它还需要加进一个额外的 Z 轴坐标，相当于空间中一个非常小的立方体。包括叶、草、空气等任何场景元素都可成为混浊介质的体元，如图 4.6 所示。这种技术的模拟效果较好，主要问题在于它的运算量相当大。

　　森林场景中树木的处理方法：①单棵木的生成，可以确定冠形及冠内枝与叶各部分信息，如图 4.7 所示；②场景中树木的分布有三种方案：可以是输入确定位置、确定大小；可以是输入确定位置以及数量、平均值与标准差等统计值，系统根据统计值随机产生不同大小的树木个体；还可以是输入数量、平均值与标准差等统计值，系统根据统计值随机产生树木个体的位置信息和大小信

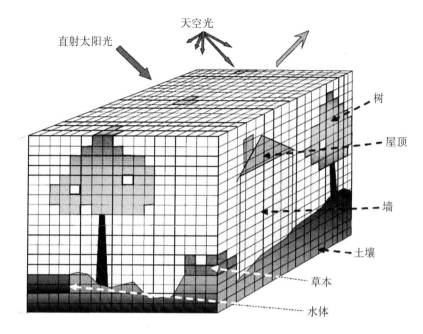

图 4.6   DART 模型三维场景模拟

息，如图 4.8 所示。这些工作都可以在最新版软件的图形界面下完成。

DART 模型的主要优点有：

(1)准确性高，能够精确模拟三维场景以及多次散射、地-气耦合等辐射作用过程，它的验证使用了地面、航空测量以及与 RAMI 三期试验中其他模型的对比结果。另外，它有一个参考模块使用蒙特卡罗方法模拟辐射传输。

(2)对于不同实验场景设置，如太阳和观察的方向、大气条件、城市和自然景观、传感器高度、空间分辨率等，模拟结果都是稳健的。

(3)在 Linux 和 Windows 系统，都已经实现了稳健的代码、用户友好的图形界面，以及方便的安装程序，因此可以说它达到了专业软件的水平。

4.6.2   模型验证

因为需要分析林木空间格局分布对森林冠层 BRDF 的影响，这需要不同空间分布的林分地面实测数据，但这对于野外数据采集是非常困难的，而 DART 模型具有真实三维场景的模拟功能，这为我们提供了有利的分析工具，所以我们需要验证 DART 模型的有效性。

在模拟森林场景之前，首先需要使用图像观测结果对研究区内的真实场景

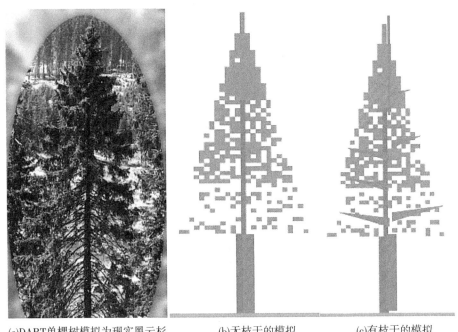

(a)DART单棵树模拟为现实黑云杉   (b)无枝干的模拟   (c)有枝干的模拟

图 4.7

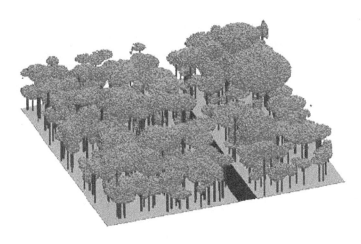

图 4.8 DART 森林场景描述

模拟结果进行检验。真实场景来自研究区内一块经过每木实测的 30m×30m 标准样方，如图 4.9(a)、图 4.9(b)所示，在标准样地内，我们记录了每一株树木的位置(x，y 坐标)、种类、胸径、树高、东西南北冠幅等主要森林参数来反映标准样方内的森林组成、垂直剖面结构情况。表 4-1 列出了标准样地中每棵树的参数，此文件可保存为文本文件，并直接导入 DART 模型，生成场景如图 4.10(a)、图 4.10(b)所示的林木空间分布。

表 4-1　　　　　场 景 参 数　　　　(单位：m)

叶片类型	X	Y	冠下杆高	冠内杆高	冠下胸径	冠形	冠高	冠底半径	冠顶半径
1	19.81	3.46	2.4	0	0.072	2	2.74	1.03	0
1	10.19	7.12	1.43	0	0.043	2	1.64	0.61	0
1	16.61	25.28	2.37	0	0.071	2	2.7	1.01	0
1	1.56	15.41	3.83	0	0.115	2	4.38	1.64	0
1	18.15	23.99	3.91	0	0.117	2	4.45	1.67	0
1	14.29	15.84	2.3	0	0.069	2	2.63	0.99	0
1	19.31	24.27	2.37	0	0.071	2	2.7	1.01	0
1	22.83	3.98	2.27	0	0.068	2	2.59	0.97	0
1	21.41	9.23	2.04	0	0.061	2	2.32	0.87	0
1	10.36	21.97	1.93	0	0.058	2	2.21	0.83	0
1	4.51	6.57	2.57	0	0.077	2	2.93	1.1	0
1	29.92	12.16	3.67	0	0.11	2	4.19	1.57	0
1	6.22	24.6	3.7	0	0.111	2	4.23	1.59	0
1	25.04	27.54	2.3	0	0.069	2	2.63	0.99	0
1	24.74	14.01	2.63	0	0.079	2	3.01	1.13	0
1	22.02	29.65	1.93	0	0.058	2	2.21	0.83	0
1	19.71	1.77	1.5	0	0.045	2	1.71	0.64	0
1	29.41	0.76	1.96	0	0.059	2	2.25	0.84	0
1	21.1	19.93	3.17	0	0.095	2	3.62	1.36	0
1	29.96	5.92	2.77	0	0.083	2	3.16	1.19	0
…	…	…	…	…	…	…	…	…	…

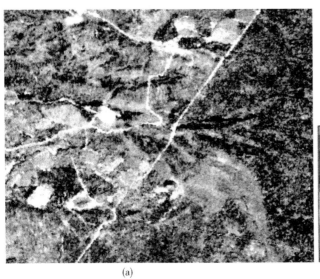
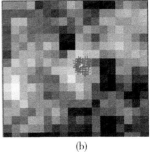

(a)　　　　　　　　　　　　　　(b)

图 4.9　标准样方位置

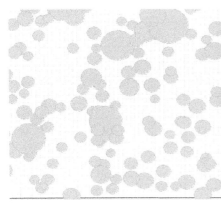

(a)场景垂直视图　　　　　　　　(b)场景侧视图

图 4.10　林木空间分布图

其中地面光谱采集用光谱仪(Field Space 4)进行测量，用 Field Space 4 光谱仪与 1800-12S 外积分球构成分光光度计系统，测量叶片的反射率、透过率、土壤的反射率等组分参数。ASD 光谱覆盖范围为 350~2500nm，光谱分辨率为 3nm(可见光波段)和 10nm(短波红外波段)。为了与 CHRIS 图像反射率比较分析模型的有效性，对实测波谱数据按 CHRIS 每个波段的波谱响应函数进行积分，得到与 CHRIS 波段相一致的波谱数据。将场景数据与光谱数据一并输入得到 DART 模型中模拟生成森林冠层的 BRDF，与 CHRIS 图像数据比较验证 DART 模型的有效性，如图 4.11、图 4.12、图 4.13 所示。

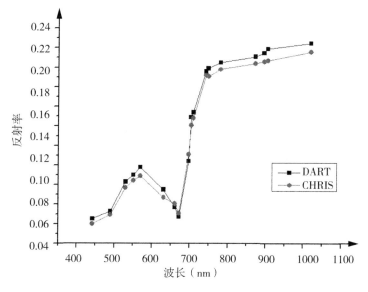

图 4.11　背向 -55.24° 比较效果

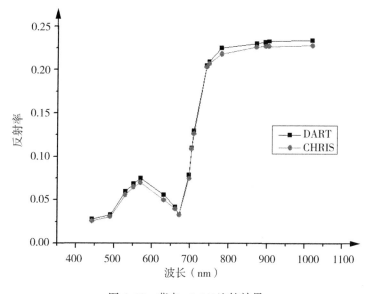

图 4.12　背向 -4.54° 比较效果

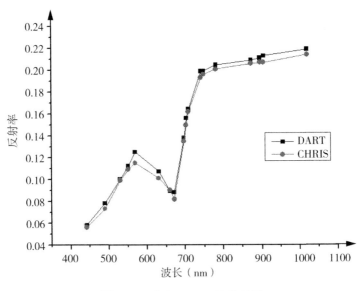

图 4.13　背向 -35.69° 比较效果

　　将 DART 模型模拟的结果与图像得到的反射率值比较发现，存在一定的差异，但是总体上 BRDF 曲线的变化趋势是一致的。而且发现在背向 -35.69° 时反射率光谱值整体上比其余两角度要高，这是因为成像时太阳天顶角为 30.9784°、方位角为 150.764°，背向 -35.69° 比其余两个角度接近"热点"位置，由此验证 DART 模型能反映森林场景 BRDF 的趋势与特点。

第 5 章　植被遥感模型及其原理

本章主要介绍光学遥感物理模型与激光雷达回波模型两种模型的主要物理机理，完成了以下四个方面的工作：第一，从森林场景的建立入手，研究如何构建单木模型，在此基础上组成森林三维场景，并利用蒙特卡罗方法准确计算在冠层重叠情况下的森林场景参数，例如叶面积体密度函数、覆盖度、冠层体积等。第二，以电磁波在大气中的传播理论为基础，研究植被组分参数化过程，将电磁波在均匀介质中的传播理论扩展到森林植被非均匀介质情况。第三，根据光子跟踪原理，研究电磁波在森林植被中与各组分间的相互作用规律，模拟森林冠层多角度遥感信号。第四，利用冠层空隙度将植被冠层结构与激光雷达回波信号相关联，构建激光雷达模型并模拟激光雷达回波信号。

5.1　森林植被场景建立

5.1.1　单棵树结构

根据不同树种的外形特点，设计不同形状的树冠，如图 5.1 所示，针叶林树冠由圆锥体近似，阔叶林树冠由椭球体近似，树干均由圆锥体近似。树冠的大小、形状由不同的几何特征参数控制，例如圆锥体树冠大小，由圆锥顶点坐标、圆锥底面圆心坐标与半径控制，同样方法控制树干的大小与位置，两者结合完成单木整体结构的设计，树冠内部由按一定角度空间分布的枝叶组成。

5.1.2　森林场景的构建

在单木设计的基础上，构建具有一定面积大小的森林场景，根据森林的生长特点，单棵树分布包括均匀分布、随机分布、聚集分布，同时可以根据每棵树的具体位置生成森林场景(图 5.2)。单木参数可参见表 5-1。

(a)针叶林　　　　　　　　(b)阔叶林

图 5.1　单木抽象模型

(a)阔叶林情况　　　　　　　(b)针叶林情况

图 5.2　森林场景分布示意图

表 5-1　　　　　　　　　　森林场景中单木结构参数列表

树种	树冠水平位置（m）	树冠水平位置（m）	树冠垂直位置（m）	树冠水平大小（m）	树冠垂直高度（m）	叶面积指数	叶倾角分布	叶片大小（cm）	胸径（cm）
species	x	y	z	E_x，E_y	E_z	LAI	LAD	LEAF_SIZE	DBH
0	32.1	20.4	14	3，3	6	4.6	1	2.1	20.4
1	12.6	15.1	8	5，7	7	5.8	3	1.6	25.5

表 5-1 中，树种类型：0 代表针叶林，1 代表阔叶林；（x，y，z）代表树冠

中心点位置，一般以森林场景的右下角为坐标原点，树冠中心坐标小于森林场景大小；(E_x, E_y, E_z) 代表树冠大小，当树种为针叶林时 $E_x = E_y$，当树种为阔叶林时 E_x 可能不等于 E_y；叶面积指数代表所有冠层叶片总面积之和与冠层垂直投影面积的比值，这里的叶面积指数代表单棵树的叶面积指数；叶倾角的分布代表冠层内叶片法线方向天顶角的分布情况，总结了几种代表性的分布；叶片大小代表叶子为圆形时的半径；胸径代表树高为 1.3m 处圆的周长。

5.2 植被几何结构参数化

植被冠层由多种成分组成，例如叶片、茎、干、穗、花等，但是与其他组分相比，叶片在植被冠层双向反射分布函数（BRDF）的形成中占有主导地位，叶子的总面积、叶子的取向和空间分布形态、叶片密度随高度的分布变化都是决定 BRDF 特征的主要因素。与叶片发生相互作用的辐射能量为总能量的 80%～90%，叶片的光合作用占总量的 60%～95%，所以植被冠层几何结构的描述首先从叶片的描述开始。

5.2.1 叶面积体密度函数

传统常用的叶面积指数（LAI）表述为地上单位面积内所有植被叶子单面面积之总和，亦可以表达为叶面积之和与对应的表面积的比值。但是 LAI 只能描述连续植被冠层叶面积总体的分布密度情况，不能描述叶面积分布密度随高度的变化情况，为此有必要引入叶面积体密度函数 $U_L(Z)$。$U_L(Z)$ 定义为在植被高度为 Z 处的单位体积内，植被叶片单面面积的总和。如图 5.3 所示为云杉的叶面积体密度函数。设 $V(Z)$ 为植被高度为 Z 的单位体积元，在单位体积元内所有叶片单面面积之和为 S，则 $U_L(Z) = \dfrac{S}{V(Z)}$，因此 $U_L(Z)$ 具有 m²/m³ 量纲，它与 LAI 的关系为

$$\text{LAI}(Z) = \int_0^z U_L(Z)\,\mathrm{d}Z \tag{5-1}$$

$U_L(Z)$ 的函数一般可以分为三种理论模型：三角形分布、指数函数型分布、τ 函数分布。三角形分布如下：

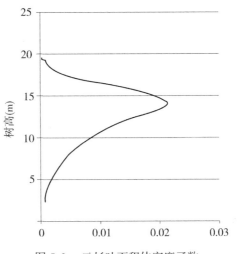

图 5.3 云杉叶面积体密度函数

$$U_L(Z) = \begin{cases} \dfrac{2X \cdot \mathrm{LAI}}{Z_m}, & Z \leqslant Z_m \\[3mm] \dfrac{2(1-X)\mathrm{LAI}}{h - Z_m}, & Z > Z_m \end{cases} \qquad (5\text{-}2)$$

式中 $X = \dfrac{Z}{h}$，h 为冠层厚度，Z_m 为 $U_L(Z)$ 取最大值所对应的高度。指数函数型分布与 τ 函数分布，由于公式比较复杂这里不列出。

5.2.2 叶倾角空间取向分布函数

植被组分例如叶片、嫩枝在冠层内的空间分布直接决定了冠层吸收与散射电磁波辐射能量的大小，同时对电磁波散射的大小与方向亦起着决定性作用，定义叶片或者嫩枝上表面的法线方向为该叶片或嫩枝的空间指向，并用 $\Omega_L(\theta_L, \phi_L)$ 表示。在植被高度 $h(Z)$ 处，落在以 Ω_L 为中心方向的单位立体角内的叶面积总和为 $\hat{g}_L(Z, \Omega_L) \cdot \Omega_L$，令

$$S_L = \frac{1}{2\pi} \int_{2\pi} \hat{g}_L(Z, \Omega_L) \cdot \mathrm{d}\Omega_L \qquad (5\text{-}3)$$

$$g_L(Z, \Omega_L) = \frac{\hat{g}_L(Z, \Omega_L)}{S_L} \qquad (5\text{-}4)$$

这里只用 2π 是因为叶片呈半球分布，则 $g_L(Z, \Omega_L)$ 表达叶子空间取向的

概率密度分布。

$$\frac{1}{2\pi}\int_{2\pi^+} g_L(Z,\ \Omega_L)\cdot d\Omega_L = 1 \tag{5-5}$$

如果叶子随 θ_L 与 ϕ_L 的分布是相互独立的，则 $g_L(Z,\ \Omega_L)$ 可以分解为以下两项之积：$g_L(Z,\ \theta_L)$，$h_L(Z,\ \phi_L)$，其关系如下：

$$g_L(Z,\ \Omega_L) = g_L(Z,\ \theta_L)\cdot h_L(Z,\ \phi_L) \tag{5-6}$$

$$\frac{1}{2\pi}\int_0^{2\pi} h_L(Z,\ \phi_L)d\phi_L = 1 \tag{5-7}$$

$$\int_0^{2\pi} g_L(Z,\ \theta_L)\sin\theta_L d\theta_L = 1 \tag{5-8}$$

一般方位角 $h_L(Z,\ \phi_L)$ 的分布可用近似各向同性分布表达，而叶子法线天顶角 $g_L(Z,\ \theta_L)$ 的变化较大，可以归纳为以下几种理论模型，例如统一型、随机型(或叫球面型)、平面型、竖直型、极端型等。它们的 $g_L(\theta_L)$(这里省略了 Z)的具体形式及其与三角函数型的联系如下：

(1)统一型：

$$g_L(\theta_L) = \frac{2}{\pi}(\sin\theta_L)^{-1}$$

(2)球面型：

$$g_L(\theta_L) = 1$$

(3)平面型：

$$g_L(\theta_L) = \frac{4}{\pi}\cos^2\theta_L(\sin\theta_L)^{-1}$$

(4)竖直型：

$$g_L(\theta_L) = \frac{4}{\pi}\sin\theta_L$$

(5)倾斜型：

$$g_L(\theta_L) = \frac{4}{\pi}\sin^2 2\theta_L(\sin\theta_L)^{-1}$$

(6)极端型：

$$g_L(\theta_L) = \frac{4}{\pi}\cos^2 2\theta_L(\sin\theta_L)^{-1}$$

如何把 $g_L(\theta_L)$ 与光子－植被的相互作用联系起来，只有当电磁波入射到植被叶片表面才能产生吸收或散射过程。假设电磁波从 Ω_P 方向入射到植被冠层，在高度 Z 处与植被组分发生碰撞的概率用 $V_L(Z,\ \Omega_P)$ 表示，其大小与该高

度叶面积体密度 $U_L(Z)$ 有关，同时与叶片向 Ω_P 方向的垂直平面的投影面积大小有关，所以

$$V_L(Z,\ \Omega_P) = U_L(Z) \cdot \frac{1}{2\pi} \int_0^{2\pi} \mathrm{d}\phi_L \int_0^1 g_L(Z,\ \Omega_L) |\Omega_L \cdot \Omega_P| \mathrm{d}\mu_L \qquad (5\text{-}9)$$

其中 $\mu_L = \cos\theta_L$，

设 $G_L(Z,\ \Omega_P) = \dfrac{1}{2\pi} \displaystyle\int_0^{2\pi} \mathrm{d}\phi_L \int_0^1 g_L(Z,\ \Omega_L) |\Omega_L \cdot \Omega_P| \mathrm{d}\mu_L$，则

$$V_L(Z,\ \Omega_P) = U_L(Z) \cdot G(Z,\ \Omega_P) \qquad (5\text{-}10)$$

G 函数的物理意义非常重要，表示在 Z 高度处，叶面积体密度函数取 $1(U_L(Z) = 1)$ 时，叶片向 Ω_P 方向的垂直面的平均投影值。

如设碰撞概率在水平方向上(即 ϕ_1 方向上)是均一的，则

$$V_L(Z,\ \Omega_P) = V_L(Z,\ \mu_P) \cdot 1 \qquad (5\text{-}11)$$

$$\int_0^1 V_L(Z,\ \mu_P) \mathrm{d}\mu_P = \frac{1}{2} U_L(Z) \qquad (5\text{-}12)$$

$\dfrac{1}{2}$ 因子的出现是因为 μ_P 取 $0 \sim 1$ 时 θ_P 为 $0° \sim 90°$，如设想叶子倾角分布具有对称性，只有在 $0° \sim 180°$ 范围内积分才具有完整的意义，与 $U_L(Z)$ 相等。

$$\int_0^{2\pi} \mathrm{d}\phi_P \int_0^1 V_L(Z,\ \mu_P) \mathrm{d}\mu_P = U_L(Z) \int_0^{2\pi} \mathrm{d}\phi_P \int_0^1 G(Z,\ \Omega_P) \mathrm{d}\mu_P \qquad (5\text{-}13)$$

$$2\pi \cdot \frac{1}{2} \cdot U_1(Z) = U_1(Z) \int_0^{2\pi} \mathrm{d}\phi_P \int_0^1 G(Z,\ \Omega_P) \mathrm{d}\mu_P \qquad (5\text{-}14)$$

所以
$$\frac{1}{2\pi} \int_0^{2\pi} \mathrm{d}\phi_P \int_0^1 G(Z,\ \Omega_P) \mathrm{d}\mu_P = \frac{1}{2}$$

上式为 G 函数的归一化条件。

下面列出特殊情况下的 G 值：

(1) 叶片倾角水平取向：
$$g_1(\Omega_1) = \delta(\mu_1 - 1),\ G(\mu_P) = |\mu_P|$$

(2) 叶片倾角垂直取向：
$$g_1(\Omega_1) = \delta(\mu_1 - 0),\ G(\mu_P) = \frac{2}{\pi} \sin\theta_P$$

(3) 球形分布：
$$g_1(\theta_1) = 1,\ G(\mu_P) = \frac{1}{2}$$

(4) 叶片取向固定为 $\mu'(\theta' = \arccos\mu')$：

$$g_1(\Omega_1) = \delta(\mu_1 - \mu')$$

$G(\mu_P) =$

$$
\begin{cases}
\mu_P\mu', \quad \theta_P + \theta' \leqslant \dfrac{\pi}{2}, \\[3mm]
\dfrac{2}{\pi}\left\{\mu_P\mu'\arcsin\left[\dfrac{\mu_P}{(1-\mu_P^2)^{\frac{1}{2}}} \cdot \dfrac{\mu}{(1-\mu'^2)^{\frac{1}{2}}}\right] + (1 + \mu_P^2 - \mu'^2)^{\frac{1}{2}}\right\}, \quad \theta_P + \theta^2 > \dfrac{\pi}{2},
\end{cases}
$$

结论：

(1) 实际水平与垂直分布均匀的连续植被对应的 G 值动态范围比较小，大概在 0.3 ~ 0.8 之间。

(2) 叶片天顶角 θ_L 在 50° ~ 60° 之间变化时，$G \approx 0.5$。

(3) 对于叶片倾角属于随机取向型时，$G \equiv 0.5$。

5.3 植被组分辐射传输

消光系数，是吸收和散射共同作用的结果，但是不包括前向散射，计算消光系数主要是计算植被组分(这里指叶簇，并非单片叶子)对光的拦截量随穿透深度的变化率；

散射系数，是描述直射光向散射光的转化率，或者是不同散射光之间的相互转化率。不同辐射的转化只与散射过程有关，而与吸收过程无关，但是要计算散射系数也应首先计算植被组分(这里指叶簇，并非单片叶子)对光的拦截量。不同于消光系数，散射系数的计算只与叶片的反射率和透射率有关，而与吸收率无关。

所以计算任意取向的叶簇对光的拦截是求解消光系数与散射系数的第一步，而计算单叶对各种辐射光的拦截又是所有计算的基础。

5.3.1 单叶的辐射传输

如设太阳直射辐射到水平分层面的辐照度为 E_S，则落到该高度上取向为 L 的叶子上的辐照度如用 E_1' 表达，则

$$\frac{E_1'}{E_S} = \frac{(S \cdot L)}{(S \cdot N)} = f_S \tag{5-15}$$

$$E_1' = f_S E_S \tag{5-16}$$

因为，$S \cdot L = \cos\theta_S\cos\theta_1 + \sin\theta_S\sin\theta_1\cos(\phi_1 - \psi)$，$S \cdot N = \cos\theta_S$，

所以，$f_S = \cos\theta_1[1 + \tan\theta_S\tan\theta_1\cos(\phi_1 - \psi)]$。

如设从观察方向（O 方向）投射一个辐射亮度到水平分层面上构成的辐照度为 E_O，落到取向为 L 的叶子上的辐照度为 E'_1，则

$$\frac{E'_1}{E_O} = \frac{(O \cdot L)}{(O \cdot N)} = f_O \tag{5-17}$$

$$E'_1 = f_O E_O \tag{5-18}$$

因为，$O \cdot L = \cos\theta_O\cos\theta_1 + \sin\theta_O\sin\theta_1\cos(\phi_1 - \psi)$，$O \cdot N = \cos\theta_O$，

所以，$f_O = \cos\theta_1[1 + \tan\theta_O\tan\theta_1\cos(\phi_1 - \psi)]$。

（1）如果 $\theta_S + \theta_1 < \dfrac{\pi}{2}$，则 $\sin\theta_1 < \cos\theta_S$，$\sin\theta_S < \cos\theta_1$，

$$\tan\theta_S\tan\theta_1 = \frac{\sin\theta_S}{\cos\theta_S} \cdot \frac{\sin\theta_1}{\cos\theta_1} \tag{5-19}$$

则 $\tan\theta_S\tan\theta_1 < 1$，而 $\cos\phi_1$ 的取值范围为 $[1, -1]$，所以 $1 + \tan\theta_S\tan\theta_1\cos\phi_1 > 0$。又因为 $0 \leqslant \theta_1 < 90$，所以 $\cos\theta_1 > 0$，$f_S > 0$。

这表明此时直射太阳辐射永远落在叶子的上表面上。

（2）如果 $\theta_S + \theta_1 = \dfrac{\pi}{2}$，此时 $\tan\theta_S\tan\theta_1 = 1$，当 $\phi_1 = \pi$，$\cos\phi_1 = -1$ 时，则

$$1 + \tan\theta_S\tan\theta_1\cos\pi = 0 \tag{5-20}$$

所以 $f_S = 0$，表明此时直射光线与叶面平行，无直辐射落到叶子的正面上。

当 $\phi_1 \neq \pi$，$\cos\phi_1 > -1$，则 $1 + \tan\theta_S\tan\theta_1\cos\pi > 0$，$f_S > 0$。

（3）如果 $\theta_S + \theta_1 > \dfrac{\pi}{2}$，$\tan\theta_S\tan\theta_1 > 1$，令 $1 + \tan\theta_S\tan\theta_1\cos\phi_1 = 0$，则

$\cos\phi_B = \dfrac{-1}{\tan\theta_S\tan\theta_1}$，$\phi_B$ 为临界角，对应于光线与叶面平行。

当 $\phi_1 < \phi_B$ 时，则直射光落到叶子的正面上；$\phi_1 = \phi_B$ 时，无直射光落到叶子的任何一面上；$\phi_B < \phi_1 \leqslant \pi$，则直射光落到叶子的反面上。

同样的原理可以应用到 f_O。

当 $\theta + \theta_1 < \dfrac{\pi}{2}$ 时，传感器始终观察到叶子的上表面；当 $\theta + \theta_1 = \dfrac{\pi}{2}$，同时 $\phi_1 = \pi$ 时，传感器观察不到该叶子，当 ϕ_1 取其他值时传感器可观察到叶子的上表面；当 $\theta + \theta_1 > \dfrac{\pi}{2}$，同时 $\phi_1 = \phi_B$，则传感器观察不到叶子，如果 $\phi_B < \phi_1$

$\leqslant \pi - \phi_B$，则传感器观察到叶子的反面，ϕ_1 取其他值时，传感器观察到叶子的正面。

对于辐射通量密度 E^+ 与 E^-，则它们落到任意取向叶子的辐射通量可以用 $f_dE^\pm$ 表达。由于 $E^\pm$ 的一部分落到叶子正面，那么它的其余部分必然照射到叶子的另一面。所以 $f_d \equiv 1$，漫辐射通量密度照射到叶子上的值与照射到水平层面上的值是相等的，现在的问题是有多少落到叶子的正面，多少落到叶子的反面。如用 f_1 代表落到叶子的正面部分，用 f_2 代表落到叶子的反面部分，则

$$f_1 = (1 + \cos\theta_1)/2 \qquad\qquad (5\text{-}21)$$

$$f_2 = (1 - \cos\theta_1)/2 \qquad\qquad (5\text{-}22)$$

很显然，当 $\theta_1 = 0°$ 时，$f_1 = 1$，$f_2 = 0$，当 $\theta_1 = 90°$ 时，$f_1 = \dfrac{1}{2}$，$f_2 = \dfrac{1}{2}$。

这是十分合理的，当 θ_1 由 $0°$ 向 $90°$ 转变的过程中，f_1 的变化过程可以用 $\cos\theta_1$ 描述，而不是其他函数的形式（比如线性函数），因为如果假定漫辐射亮度在 2π 空间是均匀分布的，则空间不同部位对底面辐照度的贡献是不同的，可用函数 $\cos\theta_1$ 来描述，所以 f_1 由 1 变到 1/2 的过程也应该用 $\cos\theta_1$ 来描述。

5.3.2　叶簇的辐射传输

解决了单叶片对辐射的拦截量的计算方法后，求取叶簇对辐射的拦截就有了基础。

设叶子取向概率密度函数用 $g_1(\theta_1, \phi_1)$ 表示，厚层为 H，叶面指数为 L，则平均叶面积体密度函数 $L' = \dfrac{L}{H}$，在 $\mathrm{d}X$ 薄层内叶子取向为 Ω_1 的叶面积为

$$\mathrm{d}^3L(X, \theta_1, \phi_1) = L'g_1(\theta_1, \phi_1)\sin\theta_1\mathrm{d}\theta_1\mathrm{d}\phi_1\mathrm{d}X \qquad (5\text{-}23)$$

如假定叶子在 ϕ 方向上均匀分布，则令 $g_1(\theta_1, \phi_1) = \dfrac{h(\theta_1)}{2\pi}$，

并令 $f(\theta_1) = h(\theta_1)\sin\theta_1$，则

$$\mathrm{d}^3L(X, \theta_1, \phi_1) = L'\mathrm{d}X \cdot \dfrac{\mathrm{d}\phi_1}{2\pi} \cdot f(\theta_1)\mathrm{d}\theta_1 \qquad (5\text{-}24)$$

取向为 Ω_1 的叶簇对各种辐射的拦截为

$$\mathrm{d}^3E_i = Ef_i\mathrm{d}^3L(X, \theta_1, \phi_1) \qquad\qquad (5\text{-}25)$$

式中下标 i 可取 s，o 和 d，对应于 Ef_s，E_of_o 及 $E_d^\pm f_d$，如要求计算整层对辐射的拦截，则

$$dE_i = E_i L' dX \int_0^{2\pi} \int_0^{\frac{\pi}{2}} f_i \frac{d\phi_1}{2\pi} f(\theta_1) d\theta_1 \tag{5-26}$$

5.3.3 冠层的辐射传输

1. 消光系数

根据消光系数的定义，消光系数 C 为单位距离内相对光辐射能量的变化率，则，

$$C = \left(\frac{dE_i}{dX} \right) \Big/ E_i = \frac{L'}{2\pi} \int_0^{2\pi} \int_0^{\frac{\pi}{2}} f_i d\phi_1 f(\theta_1) d\theta_1 \tag{5-27}$$

因上式中只有 f_i 为 ϕ_1 的函数，令

$$C(\theta_1) = \frac{L'}{2\pi} \int_0^{2\pi} f_i d\phi_1 \tag{5-28}$$

则 $C = \int_0^{\frac{\pi}{2}} C(\theta_1) f(\theta_1) d\theta_1$。

对漫辐射而言，$f_d \equiv 1$，同时 $\frac{1}{2\pi} \int_0^{2\pi} \int_0^{\frac{\pi}{2}} g_1(\theta_1, \phi_1) d\Omega_1 = 1$，则

$$K(\theta_1) = L' \tag{5-29}$$

在 SAIL 模型的原方程中，漫辐射的消光系数用符号 a 表示，但是因为 a 不包含变量 θ_1，故现用 $K(\theta_1)$ 代之。

对直射辐射 E_s，其消光系数 $K(\theta_1)$ 可分为两部分：

$$f_{Sf} = 2 \int_0^{\phi_B} f_S d\phi_1, \quad f_{Sb} = 2 \int_{\phi_B}^0 -f_S d\phi_1 \tag{5-30}$$

将 f_S 的表达式代入积分号内，得

$$f_{Sf} = \cos\theta_1 (2\phi_B + 2\sin\phi_B \tan\theta_S \tan\theta_1) \tag{5-31}$$

$$f_{Sb} = \cos\theta_1 (2\phi_B - 2\pi + 2\sin\phi_B \tan\theta_S \tan\theta_1) \tag{5-32}$$

对直射辐射 E_s 用符号 $K(\theta_1)$ 表示消光系数，则

$$K(\theta_1) = \begin{cases} \dfrac{L'}{2\pi}(f_{Sf} + f_{Sb}) \\ \dfrac{2}{\pi} L' \left[\left(\phi_B - \dfrac{\pi}{2} \right) \cos\theta_1 + \sin\phi_B \tan\theta_S \sin\theta_1 \right] \end{cases} \tag{5-33}$$

当 $\theta_S + \theta_1 < \dfrac{\pi}{2}$ 时，$f_{Sf} = 2\pi\cos\theta_1$，$f_{Sb} = 0$。

当 $\theta_S + \theta_1 = \dfrac{\pi}{2}$，$\phi_B = \pi$ 时，上面的式子仍适用。

对于 E_O，同样可得：

$$K(\theta_1) = \frac{2}{\pi} L' \left[\left(\phi_{BO} - \frac{\pi}{2} \right) \cos\theta_1 + \sin\phi_{BO}\tan\theta_O\sin\theta_1 \right] \tag{5-34}$$

2. 散射系数

散射系数描述了不同辐射量之间的相互转化，与消光系数类似。根据散射系数的定义，散射系数可表示为

$$B = \left(\frac{\mathrm{d}E_2}{\mathrm{d}X} \right) \bigg/ E_1 \tag{5-35}$$

此处 E_1 代表入射辐照度，被散射的辐射通量密度为 E_2，如假定单叶片对光的散射具有各向同性性质，ρ 代表半球反射率，τ 代表半球透射率，类似于消光系数，则

$$B(\theta_1) = \frac{L'}{2\pi} \int_0^{2\pi} Q_{SC}(E_1, E_2) \,\mathrm{d}\phi_1 \tag{5-36}$$

其中 $Q_{SC}(E_1, E_2)$ 对单片叶子在各种匹配条件下的表达式列于表 5-2 中。

表 5-2　　　　　　　　　　$Q_{SC}(E_1, E_2)$ 的表达式

E_1 \\ E_2		E_s ($f_s > 0$)	E_s ($f_s < 0$)	E^-	E^+
E_0	$f_o > 0$	$f_s\rho f_o$	$-f_s\tau f_o$	$(\rho f_1 + \tau f_2)f_o$	$-(\tau f_1 + \rho f_2)f_o$
	$f_o < 0$	$-f_s\tau f_o$	$f_s\rho f_o$	$-(\tau f_1 + \rho f_2)f_o$	$-(\rho f_1 + \tau f_2)f_o$
E^-		$f_s(\tau f_1 + \rho f_2)$	$-f_s(\rho f_1 + \tau f_2)$	$f_1(\tau f_1 + \rho f_2) + f_2(\rho f_1 + \tau f_2)$	$f_1(\rho f_1 + \tau f_2) + f_2(\tau f_1 + \rho f_2)$
E^+		$f_s(\rho f_1 + \tau f_2)$	$-f_2(\tau f_1 + \rho f_2)$	$f_1(\rho f_1 + \tau f_2) + f_2(\tau f_1 + \rho f_2)$	$f_1(\tau f_1 + \rho f_2) + f_2(\rho f_1 + \tau f_2)$

SAIL 模型的系数定义见表 5-3。如果 $\sigma(\theta_1)$ 和 $\sigma'(\theta_1)$ 分别表示漫辐射通量密度 E^+，E^- 的后向与前向散射系数，则

$$\sigma(\theta_1) + \sigma'(\theta_1) = L'(f_1^2 + 2f_1f_2 + f_2^2)(\rho + \tau) = L'(\rho + \tau),$$

$$\sigma(\theta_1) - \sigma'(\theta_1) = L'(f_1^2 - 2f_1f_2 + f_2^2)(\rho - \tau) = L'(\rho - \tau)\cos^2\theta_1$$

$$(5-37)$$

表 5-3　　　　　　　　　　　　　SAIL 模型的系数定义表

E_2 ＼ E_1	E_s	E^-	E^+
E_0	$\omega(\theta_1)$	$\nu(\theta_1)$	$u(\theta_1)$
E^-	$S(\theta_1)$	$\sigma'(\theta_1)$	$\sigma(\theta_1)$
E^+	$S'(\theta_1)$	$\sigma(\theta_1)$	$\sigma'(\theta_1)$

联立求解，得

$$\sigma(\theta_1) = L'\left(\frac{\rho + \tau}{2} + \frac{\rho - \tau}{2} + \cos^2\theta_1\right),$$

$$\sigma'(\theta_1) = L'\left(\frac{\rho + \tau}{2} - \frac{\rho - \tau}{2} + \cos^2\theta_1\right)$$

$$(5-38)$$

如果用 $S(\theta_1)$ 与 $S'(\theta_1)$ 分别表示直射辐射的后向与前向散射系数，则

$$S'(\theta_1) = \frac{L'}{2\pi}[f_{Sf}(\rho f_1 + \tau f_2) + f_{Sb}(\tau f_1 + \rho f_2)],$$

$$S(\theta_1) = \frac{L'}{2\pi}[f_{Sf}(\tau f_1 + \rho f_2) + f_{Sb}(\rho f_1 + \tau f_2)]$$

$$(5-39)$$

得 $S'(\theta_1) + S(\theta_1) = \dfrac{L'}{2\pi}(f_{Sf} + f_{Sb})(\rho + \tau),$

$$S'(\theta_1) - S(\theta_1) = \frac{L'}{2\pi}(\rho + \tau)(f_{Sf} - f_{Sb})(f_1 - f_2)$$

$$(5-40)$$

因为 $K(\theta_1) = \dfrac{L'}{2\pi}(f_{Sf} + f_{Sb}),$

$$S'(\theta_1) + S(\theta_1) = (\sigma + \tau)K(\theta_1),$$

$$f_{Sf} + f_{Sb} = 2\pi c\cos(\theta_1),$$

$$f_1 - f_2 = \cos\theta_1,$$

所以，

$$S'(\theta_1) - S(\theta_1) = L'(\rho - \tau)\cos^2\theta_1,$$

$$S'(\theta_1) = \frac{\rho + \tau}{2}K(\theta_1) + \frac{\rho - \tau}{2}L'\cos\theta_1,$$

$$S(\theta_1) = \frac{\rho + \tau}{2}K(\theta_1) - \frac{\rho - \tau}{2}L'\cos\theta_1 \tag{5-41}$$

类似地可以获得

$$u(\theta_1) = \frac{\rho + \tau}{2}K(\theta_1) + \frac{\rho - \tau}{2}L'\cos^2\theta_1 \tag{5-42}$$

$$\nu(\theta_1) = \frac{\rho + \tau}{2}K(\theta_1) - \frac{\rho - \tau}{2}L'\cos^2\theta_1 \tag{5-43}$$

$$\omega(\theta_1) = \frac{L'}{2\pi}\left\{\begin{array}{l}[\pi\rho - \beta_2(\rho + \tau)](2\cos^2\theta_1 + \sin^2\theta_1\tan\theta_S\tan\theta_o\cos\phi) + \\ (\rho + \tau)\sin\beta_2\left(\dfrac{2\cos^2\theta_1}{\cos\phi_{B_s}\cos\phi_{B_o}} + \cos\beta_1\beta_3\sin^2\theta_1\tan\theta_S\tan\theta_o\right)\end{array}\right\}$$

$$\tag{5-44}$$

根据光辐射与植被冠层组分相互作用的物理规律，由单叶、叶簇到冠层计算得到冠层的消光系数与体散射相函数。

冠层的消光系数为：$K(\theta_O) = \int_0^{\frac{\pi}{2}} K(\theta_L, \theta_O)G(\theta_L)\mathrm{d}\theta_L \tag{5-45}$

冠层的体散射相函数：$P(\Omega_S, \Omega_O) = \int_{4\pi}\dfrac{P(\varepsilon)\omega}{4\pi}\mathrm{d}\Omega \tag{5-46}$

$$P(\varepsilon) = \omega(\theta_L) \tag{5-47}$$

$$\omega = \rho + \tau \tag{5-48}$$

5.4 蒙特卡罗模拟与光子跟踪模拟

5.4.1 蒙特卡罗(M-C)模拟

利用蒙特卡罗模拟方法求取任意函数 $f(x)$ 的积分值问题。设 $f(x)$ 为定义在 $(0, 1)$ 区间的任意函数，求取其积分值，设为 θ_2，则

$$\theta_2 = \int_0^1 f(x)\mathrm{d}x \tag{5-49}$$

曲线下的面积即为 $f(x)(0 < f(x) < 1)$ 的积分值 θ_2。

如果在图 5.4 中正方形区域内随机投点 (x_i, y_i)，则 (x_i, y_i) 位于曲线 $f(x)$ 下面的概率 $P(y < f(x))$ 就是积分值 θ_2，

$$P(y < f(x)) = \int_0^1 \mathrm{d}x \int_0^{f(x)} \mathrm{d}y \qquad (5\text{-}50)$$

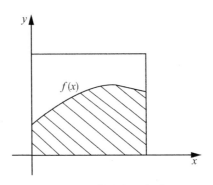

图 5.4   蒙特卡罗实验

设随机变量 η_i，$\eta_i = \begin{cases} 1, & \text{当 } y_i \leqslant f(x_i)\,(\text{称投点成功}), \\ 0, & \text{当 } y_i > f(x_i)\,(\text{称投点失败})。 \end{cases}$

经过大量的相互统计独立的随机投点试验，根据统计理论中的中心极限定律有

$$\theta_2 = \bar{\eta} = \lim_{N \to \infty} \frac{1}{N} \sum_{i=1}^N \eta_i \qquad (5\text{-}51)$$

样本的标准差，就是积分值 θ_2 的统计无偏估计，即

$$S_N = \left[\frac{1}{N} \sum_{i=1}^N (\eta_i - \bar{\eta})^2 \right]^{\frac{1}{2}} \qquad (5\text{-}52)$$

由此可见，通过统计试验不仅可以得到积分值 θ_2，而且可以随时给出它的精确统计估计值。M-C 方法的特点是对被积函数，才能给出其相应的积分值，此外的函数形态就得应用各种近似计算方法分区求取其值，所以 M-C 方法是一种适应性极大的数值计算方法。这是 M-C 方法的第一个显著特点。但同时应该注意到，M-C 方法要求的独立试验次数是相当大的，否则计算精度就不高。换言之，M-C 方法只有在计算机高度发达的今天，才能充分施展其才能（徐希孺，2005）。

类似地可以用蒙特卡罗方法计算树冠存在重叠情况下，冠层的覆盖度、冠层体积与叶面积体密度函数。例如统计森林场景冠层覆盖度时，如果树冠没有重叠情况可以直接把树冠投影面积相加再除以样地面积即可，但是如果树木自然生长过程经过竞争一定会存在冠层相互重叠的情况，此时不能简单累加冠层投影面积，蒙特卡罗提供了绝好的解决方法，可以在森林场景地表面随机投点，则落在树冠投影区域内的概率就是覆盖度，同理把二维投影上升为三维情况，再计算冠层体积时，把随机投点的场所变化成森林三维场景即可，这时需要设计一个函数判断投点是否落在不同冠形的树冠内部，可以根据树冠标准的几何形状与树冠位置计算出来，落在树冠体内的概率乘以森林场景体积就是树冠体积。

5.4.2　光子跟踪模拟

1. 光子建立

根据森林场景与模拟影像的大小，把森林场景按照影像进行立体栅格化，划分成三维体元。根据每个体元的位置相应建立一个光子，该光子由起始位置、辐射方向、光子碰撞属性与光子对应的波段能量大小组成。

2. 光子跟踪

根据太阳位置启动光子运动轨迹模拟，分别进行冠层外与冠层内的不同光子模拟。对于冠层外的光子运动，利用光线跟踪方法根据单位为1的步长跟踪并寻找光子，判断与光子相交的场景的组分，并确定该组分的位置与属性。根据相交组分的属性判断光子下一步的散射方向与大小计算；如果光子进入树冠，开始启动辐射传输模拟方法进行模拟，这样有助于提高模拟速度同时不失模拟精度。在这期间我们同时考虑不同波段由于不同的光谱特性，多次散射的次数限制。判断光子进入树冠后与森林植被不同组分间的相互作用，然后根据不同组分的散射相函数进行光子下一步模拟。

3. 光子的结束

根据光子运动轨迹、射能量大小与最大散射次数三种因素综合来判断光子生命：①如果光子在能量与散射次数限制内到达场景边缘，或者离开可视范围则判断光子结束。②如果光子传输过程中在场景的范围内，但是由于与场景组分相互作用发生能量衰减，能量小于最小能量限制判断光子生命结束停止跟踪。③如果光子传输过程中在场景的范围内，但是由于与场景组分相互作用并记录每次碰撞次数，知道最大散射次数限制判断光子生命结束停止跟踪，这里最大散射次数根据近红外波段的反射率与吸收率的最小能量限制计算得到。

第6章　基于光学遥感数据的森林参数提取

多角度卫星遥感数据已被广泛应用到林业遥感中。多角度遥感作为一种新的观测方式，相比单一角度垂直观测，增加了角度维的信息，除垂直观测还可以从不同角度方向进行观测，为获得更详细的森林结构信息提供了可能，新型光学遥感数据的出现为提高叶面积指数、生物量等森林参数反演精度提供了保障。本章首先在当前四类多角度模型基础上，介绍了集几何光学模型与辐射传输模型优点于一体的 MGeoSAIL 多角度遥感模型的改进，并与 DART 模型模拟的植被冠层 BRDF 结果进行比较。其次利用均匀度理论，定量分析比较了植被冠层 BRDF 与林木空间格局的相互关系。最后利用多角度模型进行叶面积指数与森林生物量反演。

6.1　多角度遥感模型的改进

遥感观测的对象通常是包含多种组分的混合像元，像元光谱是由像元结构、各组分光谱、光照条件和观测条件共同决定的。为了描述遥感信号与地表性质的关系，人们建立了各种计算地物双向反射系数的数学模型。目前已经出现了许多物理模型，按其理论基础可归纳为四类：李小文和 Strahler 的几何光学模型（Li X，1985）、Verhoef 的 SAIL 辐射传输模型（Verhoef，1984）、DART 混合模型和 Monte Carlo 计算机模拟模型。

其中每种模型都有各自的适用范围和优缺点：几何光学模型更适合于处理非均匀的植被群体，特别是低密度、大个体的稀疏群体。但是对于辐射植冠中的衰减处理过于简单，不考虑天空散射光和群体的多次散射作用，这使得几何光学模型的精度受到影响；辐射传输模型一般适合于植被组分与群体密度相比很小的群体以及其他稠密、水平均匀的群体，但不考虑非叶器官的作用以及植被各组分间的空间距离和非随机的分布现象；混合模型一般从 3D 模式出发将植被在三维空间内划分成有限个单位尺度的小立方体，将初始辐射场按其入射时的天顶角和方位角离散化。理论上说混合模型散射适用于任何非均匀程度群体，但是其计算量非常大；计算机模拟模型能完整地反映出自然植被的真实特征，能同时考虑植被各组分的大小、形状和任意空间分布方式对群体 BRDF 的影响。但是此方法计算需要大量的重复试验，而且结果的收敛速度也较慢且十分费时，同时还受到群体结构变量数量的限制。

综合上述各种模型的优缺点，本研究提出了集几何光学模型与辐射传输模型优点于一体的 MGeoSAIL 模型。MGeoSAIL 模型是适用于连续冠层的最具代表性的辐射传输模型之一，特点是在水平均匀的假设下考虑冠层的垂直分层结构和叶倾角分布，而不适用于离散群体（刘强等，2003；Verhoef，1984）。本书利用复杂的空间几何关系推导出锥形树冠在不同视线情况下四分量的比例关系，将四分量及其反射率权重加和生成场景反射率。它考虑了植被群体冠层内部的多次散射、天空散射光作用，是几何光学模型和辐射传输模型的良好结合。

6.1.1 MGeoSAIL 模型的改进

传统的单一角度遥感把地物目标作为漫反射体的假设与现实情况有较大的差异，其反射分布必须要用双向反射分布函数（BRDF）来描述。与单一角度遥感相比，多角度对地观测通过对林木多个方向的观察，可得到丰富的森林三维空间结构信息，为定量遥感提供新的途径。本书根据仅适合于垂直单角度观测的 GeoSAIl 模型，改进得到适合于各种角度观测的 MGeoSAIL 模型，它是几何光学模型和辐射传输模型的结合，具备两种模型的优点，使 MGeoSAIL 模型更具准确性、实用性。几何光学模型用来计算场景内不同情况下阴影和照亮成分的比例，辐射传输模型（SAIL）考虑冠层内的辐射传输计算得到树冠的反射率和传输率，将其权重加和生成场景反射率。该模型是利用冠层组分的光学属性、树的形状、太阳天顶角和冠层覆盖度来计算场景反射率。

1. MGeoSAIL 模型背景

GeoSAIL 模型是 2000 年由 Huemmrich 提出的，用于描述不连续冠层反射率的模型，它是几何模型和辐射传输模型的结合。该模型结合了 SAIL 模型（Verhoef，1984）和 Jasinski 几何光学模型（Jasinski，1990）。SAIL 模型计算树木内的辐射传输，Jasinski 几何光学模型利用 SAIL 模型的结果生成场景反射率。

GeoSAIL 模型只适用于垂直观测，而且不能反映地物的三维形态特征和结构的信息，为了揭示地物的几何形态和结构的空间分布与地物光谱的关系，我

101

们必须用到双向反射分布函数(BRDF)来描述地物的反射分布，所以我们需要适合于多角度观测的 MGeoSAIL 模型。

GeoSAIL 模型(Huemmrich K F, 2001)是 2000 年由 Huemmrich 提出的，用于描述不连续冠层反射率的模型，它是一个几何模型和辐射传输模型的结合。该模型结合了 SAIL 模型(Verhoef, 1984; Jacquemoud S et al., 1996)和 Jasinski 几何光学模型(Jasinski M F et al., 1990; Nilson T et al., 1989)。SAIL 模型计算冠层内的辐射传输，Jasinski 几何光学模型利用 SAIL 模型的结果生成场景反射率。

其总的场景反射率 ρ 用下式计算：

$$\rho_t = C\rho_c + S\rho_s + B\rho_b \tag{6-1}$$

式中，ρ_c，ρ_s，ρ_b 分别是冠层、阴影、背景在特定波段的反射率，它们由 SAIL 模型得到：

$$S = 1 - C - (1 - C)^{\eta+1} \tag{6-2}$$

式中，S 为阴影背景比例；C 为冠层覆盖度；η 为单个冠层阴影面积与冠层面积之比。

(1) 对于圆锥体：

$$\eta = \frac{(\tan\beta - \beta)}{\pi} \tag{6-3}$$

$$\beta = \arccos\left(\frac{\tan\psi}{\tan\theta}\right) \tag{6-4}$$

式中，ψ 为圆锥的锥顶角。

$$B = (1 - C)^{\eta+1} \tag{6-5}$$

式中，B 为照亮背景面积比例，θ 为太阳天顶角。如果太阳天顶角大于圆锥的锥顶角，这时在圆锥体上会出现阴影这部分面积，可以写成 $C_s = \beta/\pi$，其反射率 ρ_{cs} 由 SAIL 模型得到。

(2) 对于圆柱体：

$$\eta = R\tan\theta \tag{6-6}$$

式中，R 为圆柱体的高与宽的比例；θ 为太阳天顶角。

对于 GeoSAIL 模型，为了使模型计算简单化而作了几个假设：①所有的树木有同样的形状和大小；②树木间彼此没有阴影；③树冠彼此不重叠；④树比像元要小；⑤照亮冠层、照亮背景，其阴影都有单个反射率。因为有这么多的假设，所以限制了 GeoSAIL 的应用。并且 GeoSAIL 模型只适用于垂直观测，而不能反映地物三维形态特征和结构的信息，为了揭示地物的几何形态和结构的空间分布与地物光谱的关系，我们必须要用双向反射率分布函数(BRDF)来描述地物的反射率分布，所以需要适合于多角度观测的 MGeoSAIL 模型。

2. MGeoSAIL 模型中四分量计算

在几何模型中，场景的双向反射率变化完全由四个成分在视场中的面积比随视角的变化而变化所致(徐希孺，2005)，定义 K_g，K_c，K_t 与 K_z：

$$K_g = \frac{A_g}{A},\ K_c = \frac{A_c}{A},\ K_t = \frac{A_t}{A},\ K_z = \frac{A_z}{A} \tag{6-7}$$

此处 A_g，A_c，A_t 与 A_z 均为"可视的"背景光照面、"可视的"树冠光照面、"可视的"树冠阴影面、"可视的"背景阴影面。

$$\rho_s = K_g\rho_g + K_c\rho_c + K_t\rho_t + K_z\rho_z \tag{6-8}$$
$$K_g + K_c + K_t + K_z = 1 \tag{6-9}$$

根据统计几何学 Boolean 原理，对任意的多边形都有以下规律：

$$K_g + K_z = q_v(\theta_v,\ \varphi_v) = e^{-\lambda A_v(\theta_v,\ \varphi_v)} \tag{6-10}$$

此处 $\lambda = \frac{n}{A}$ 为树冠的密度，$A_v(\theta_v,\ \varphi_v)$ 为沿视线(θ_v，φ_v)方向树冠对基准面的平均投影面积，此处下标 v 和 i 分别代表视线方向和光线方向。如图 6.1 所示为圆锥在基准面上的投影面积。

$$K_c + K_t = 1 - q_v(\theta_v,\ \varphi_v) = 1 - e^{-\lambda A_v(\theta_v,\ \varphi_v)} \tag{6-11}$$

根据 K_g 的定义：

$$K_g = e^{\{-\lambda[A_v(\theta_v,\ \varphi_v)+A_i(\theta_i,\ \varphi_i)-O(\theta_v,\ \varphi_v,\ \theta_i,\ \varphi_i)]\}} \tag{6-12}$$

其中 $A_i(\theta_i,\ \varphi_i)$ 为沿太阳投射方向树冠对基准面的平均投影面积，$O(\theta_v,\ \varphi_v,\ \theta_i,\ \varphi_i)$ 为 A_v 与 A_i 的重叠面积。要求解 A_v、A_i 与 $O(\theta_v,\ \varphi_v,\ \theta_i,\ \varphi_i)$ 的值，必须先确定树冠的形状、光线的来向(θ_i，φ_i)与视线的方向(θ_v，φ_v)。

因为 MGeoSAIL 模型是在垂直观测条件下计算几何关系的，这为我们提供了计算圆锥在基准面上的各个方向投影面积的方法。根据垂直和斜视的关系，得到 MGeoSAIL 模型中的 S、C、B 参数和斜视条件下的 K_g，K_c，K_t 与 K_z 的关系。

$$A_v(\theta_v,\ \varphi_v) = \frac{(1-B_v)\cdot A}{n},\ A_i(\theta_i,\ \varphi_i) = \frac{(1-B_i)\cdot A}{n} \tag{6-13}$$

($1-B_v$) 为圆锥沿视线方向的投影比例，我们通过几何关系得到以下的关系：

$$K_g + K_z = e^{-\frac{n}{A}\frac{(1-B_v)\cdot A}{n}} = e^{-(1-B_v)} \tag{6-14}$$

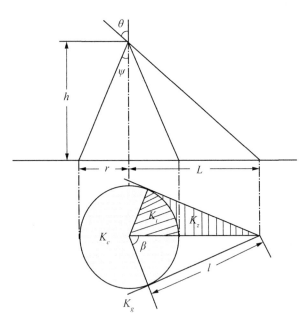

图 6.1　圆锥在基准面上的投影面积

分析得到在林分稀疏的情况下，即无阴影重叠，K_c 和 K_t 的和应该为视线投影面积比，所以有如下式：

$$(K_c + K_t) = 1 - B_v \tag{6-15}$$

又因为 $(K_c + K_t) = 1 - \mathrm{e}^{-(1-B_v)}$，如果 $\mathrm{e}^{-(1-B_v)} \approx 1 - (1 - B_v) = B_v$，则有 $1 - B_v \to 0$ 且 $B = (1 - C)^{\eta+1} \to 1$，$C \to 0$，此为稀疏条件，所以以上公式成立的条件均为稀疏条件且 $\theta_v > \psi$。

其中式(6-12)中的 $O(\theta_v, \varphi_v, \theta_i, \varphi_i)$ 我们可以按不同的情况根据几何关系求得，如图 6.1 所示，即可求得 K_g、K_c、K_t 与 K_z 的表达式。首先按视线天顶角 θ_v 和圆锥顶角 ψ 的关系将圆锥体的投影分为两种情况，如下：

第一种情况：$\theta_v \leq \psi$，又分为如下两种情况：

(1) 当 $\theta_i \leq \psi$ 时：

$$K_g = 1 - C,\ K_z = 0,\ K_c = C,\ K_t = 0 \tag{6-16}$$

(2) 当 $\theta_i > \psi$ 时：

$$K_g = B_i,\ K_z = S_i,\ K_c = (1 - C_s) \cdot C,\ K_t = C_s \cdot C \tag{6-17}$$

第二种情况：$\theta_v > \psi$，此时又分两种情况，如下：

（1）当 $\theta_i \leqslant \psi$ 时：

$$K_g = B_v, \ K_z = 0, \ K_c = 1 - B_v, \ K_t = 0 \tag{6-18}$$

（2）当 $\theta_i > \psi$ 时，又细分为六种情况，如下：

设视线与光线的夹角 $\varphi = \varphi_v - \varphi_i$，首先在主平面，分为以下两种情况：

① 当 $\varphi = 0°$ 时：

a. $\quad\quad\quad \theta_i \leqslant \theta_v < 90°, \ O(\theta_v, \ \varphi_v, \ \theta_i, \ \varphi_i) = A_i(\theta_i, \ \varphi_i)$

$$K_g = B_v, \ K_z = 0, \ K_c = 1 - B_v, \ K_t = 0$$

b. $\quad\quad\quad \psi < \theta_v < \theta_i, \ O(\theta_v, \ \varphi_v, \ \theta_i, \ \varphi_i) = A_v(\theta_v, \ \varphi_v)$

$$K_g = B_i, \ K_z = B_v - B_i, \ K_c = (1 - B_v) \frac{\pi - \beta_i + \dfrac{\sin\beta_i}{\cos\beta_v}}{\tan\beta_v - \beta_v + \pi}, \ K_t = 1 - B_v - K_c \tag{6-19}$$

② 当 $\varphi = \pi$ 时，$\psi < \theta_v \leqslant 90°, \ O(\theta_v, \ \varphi_v, \ \theta_i, \ \varphi_i) = C$

$$K_g = B_v + B_i + C - 1, \ K_z = 1 - C - B_i, \ K_t = 1 - B_v - K_c \tag{6-20}$$

其次，不在主平面的情况又分为以下三种：

③ 当 $(\beta_i + \beta_v) \leqslant \varphi \leqslant (2\pi - \beta_i - \beta_v)$ 时，设 $\gamma = \varphi - \beta_i - \beta_v$，$\tau = \varphi + \beta_i + \beta_v$，

$$K_g = B_v + B_i + C - 1, \ K_z = 1 - C - B_i, \ K_t = 1 - B_v - K_c,$$

$$K_c = (1 - B_v) \cdot [2\pi - 2\beta_i - 2\beta_v - \sin\gamma + \tan\beta_v(1 - \cos\gamma) + \sin\tau +$$

$$\tan\beta_v(1 - \cos\tau)] \Big/ 2(\tan\beta_v - \beta_v + \pi) \tag{6-21}$$

④ 当 $0° \leqslant \varphi \leqslant \beta_i - \beta_v$ 或者 $2\pi - (\beta_i - \beta_v) \leqslant \varphi \leqslant 2\pi$ 时，设 $\gamma = \beta_i - \beta_v + \varphi$，$\tau = \beta_i - \beta_v - \varphi$，

$$K_g = B_v + B_i + C - 1, \ K_z = 1 - C - B_i,$$

$$K_c = (1 - B_v)\{2\beta_i - 2\beta_v - \sin(\beta_i - \beta_v + \varphi) + \tan\beta_v[1 - \cos(\beta_i - \beta_v + \varphi)] -$$

$$\sin(\beta_i - \beta_v - \varphi) + \tan\beta_v[1 - \cos(\beta_i - \beta_v - \varphi)]\} \Big/ 2(\tan\beta_v - \beta_v + \pi)$$

$$K_c = (1 - B_v) \cdot [2\beta_i - 2\beta_v - \sin\gamma + \tan\beta_v(1 - \cos\gamma) - \sin\tau +$$

$$\tan\beta_v(1 - \cos\tau)] \Big/ 2(\tan\beta_v - \beta_v + \pi)$$

$$K_t = 1 - B_v - K_c \tag{6-22}$$

⑤ 其余角度情况，设 $\gamma = (\beta_i + \beta_v - \varphi)$，$\tau = \beta_i - \beta_v + \varphi$，

$$K_g = \frac{C \cdot \left[\tan\left(\frac{1}{2} \cdot \gamma\right) - \left(\frac{1}{2} \cdot \gamma\right) + \pi \right]}{\pi} + B_v + B_i + (-1)$$

$$K_z = 1 - C - B_i,$$

$$K_c = (1 - B_v) \cdot \{\tau - \sin\tau + \tan\beta_v [1 - \cos\tau]\} \Big/ 2(\tan\beta_v - \beta_v + \pi)$$

$$K_t = 1 - B_v - K_c \tag{6-23}$$

图 6.2 中虚线部分为阴影部分，则任意多边形 $BCDEFB$ 为 $O(\theta_v, \varphi_v, \theta_i, \varphi_i)$，任意多边形 $ABCA$ 为 K_c，任意多边形 $ACDA$ 为 K_t，任意多边形 $EDCGE$ 为 K_z，其余部分为 K_g。

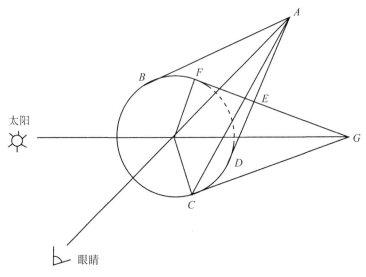

图 6.2　MGeoSAIL 模型中的各个阴影、光照分量说明

6.1.2　模型模拟与验证

DART 模型能真实地模拟森林场景，细致地反映不同因子对 BRDF 曲线的影响，在国际 RAMI3 中得到肯定，所以本书采用 DART 模型与 MGeoSAIL 模型进行比较衡量。DART 模型能通过详细的参数设置来创建森林三维场景，本书通过参数设置使 DART 模型和 MGeoSAIL 模型描述的森林场景一致，以利用两模型相互比较，环境参数变量如表 6-1 所示。

表 6-1 森林场景环境参数

环境参数变量	变量值
太阳方位角	0°
太阳高度角	40°
叶片反射率(红光/近红外)	0.08/0.468
叶片透射率(红光/近红外)	0.03/0.386
茎干反射率(红光/近红外)	0.14/0.24
茎干透射率(红光/近红外)	0/0
背景发射率(红光/近红外)	0.078/0.321
场景叶面积指数	1.0
郁闭度	0.05、0.2
场景大小	50m×50m
像素大小	0.35m×0.35m×0.35m

表 6-2 参 数 比 较

拟合方程	R^2
$y=0.8982x+0.0087$	0.9762
$y=0.6341x+0.0303$	0.9705
$y=0.9319x+0.0031$	0.9821

  由图 6.3、图 6.4、图 6.5 比较可知一次散射和多次散射 BRDF 的曲线基本重叠在一起，说明在稀疏林分情况下红光波段受多次散射的影响可以忽略，这是因为植被和土壤在红光波段的吸收作用很大而反射作用较小，加之林分之间比较稀疏所以树冠内部、树冠与树冠之间、树冠与背景之间的多次散射可以忽略。由图 6.3 可知，MGeoSAIL 模型模拟的曲线与 DART 模型模拟的曲线形状一致，变化趋势一致且基本相互平行，这说明 MGeoSAIL 模型能很好地反映冠层 BRDF 的特征。由图 6.4 发现，随着林分郁闭度的增加，虽然曲线变化趋势一致但偏离较大，这是由于本模型没有考虑树冠之间随郁闭度增大引起的相互遮蔽影响，说明 MGeoSAIL 模型比较适合于稀疏林分情况。由图 6.5 可以看出，曲线吻合得非常理想，由此可得出 MGeoSAIL 模型更适合于低密度、大个体的稀疏群体，这正是几何光学模型的优点。表 6-2 中的方程由散点图拟合而来，通过拟合曲线和 R^2 值可以进一步证明以上结论，R^2 大小表明曲线之间的相似程度大小，拟合方程表明曲线之间的离散程度。图 6.3、图 6.4 与图 6.5 的 R^2 值都较大，说明 MGeoSAIL 模拟的 BRDF 曲线与 DART 模拟的 BRDF 曲线变化趋势基本一致；拟合方程表明图 6.5 中的曲线吻合程度最好。

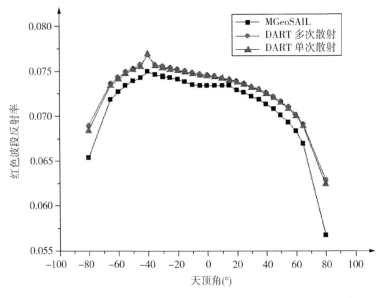

(a)红光波段、郁闭度 0.05、太阳天顶角 40°，MGeoSAIL 与
DART 一次散射、多次散射结果比较

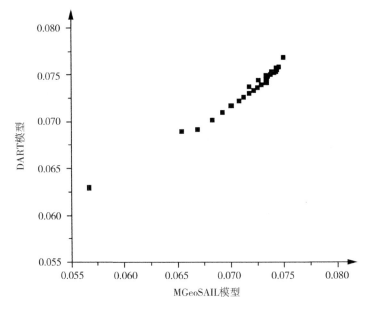

(b)红光波段、郁闭度 0.05、太阳天顶角 40°，MGeoSAIL 与 DART 多次散射 BRDF 的散点图
图 6.3　MGeoSAIL 与 DART 一次散射、多次散射结果比较及多次散射 BRDF 的散点图(一)

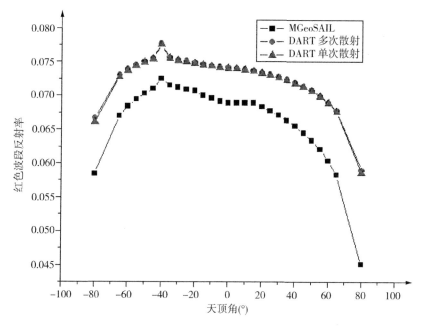

(a)红光波段、郁闭度0.20、太阳天顶角40°，MGeoSAIL与DART一次散射、多次散射结果比较

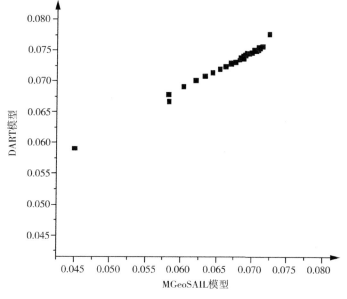

(b)红光波段、郁闭度0.20、太阳天顶角40°，MGeoSAIL与DART多次散射BRDF的散点图

图6.4　MGeoSAIL与DART一次散射、多次散射结果比较及多次散射BRDF的散点图(二)

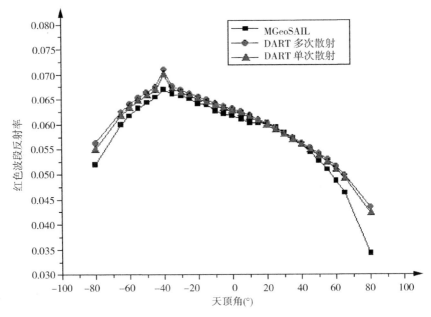

（a）红光波段、郁闭度 0.05（树冠棵数减少、个体增大）、太阳天顶角 40°，
MGeoSAIL 与 DART 一次散射、多次散射结果比较

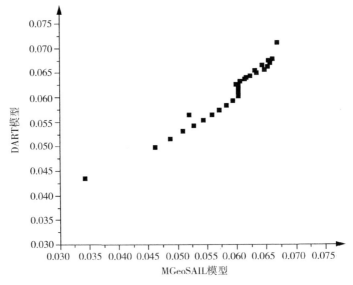

（b）红光波段、郁闭度 0.05（树冠棵数减少、个体增大）、太阳天顶角 40°，
MGeoSAIL 与 DART 多次散射 BRDF 的散点图

图 6.5   MGeoSAIL 与 DART 一次散射、多次散射结果比较及多次散射 BRDF 的散点图（三）

表 6-3 参数比较

拟合方程	R^2
$y = 0.8306x + 0.065$	0.9011
$y = 0.6425x + 0.1292$	0.8745
$y = 0.8294x + 0.0554$	0.9013

图 6.6、图 6.7、图 6.8 从不同郁闭度描述了近红外波段范围，从两模型模拟的 BRDF 曲线分布情况，可以看出一次散射和多次散射 BRDF 曲线相差较大，这是因为在近红外波段，叶片的吸收作用减小而反射作用增加，导致树冠内部、树冠与树冠之间、树冠与背景之间的多次散射作用增加。而 MGeoSAIL 模型只考虑了树冠内部的多次散射，所以造成曲线之间偏离程度大于红光波段。因为 MGeoSAIL 模型考虑了树冠之间的多次散射，所以其曲线介于 DART 一次散射、DART 多次散射曲线之间。但图 6.7 显示 MGeoSAIL 模型随郁闭度

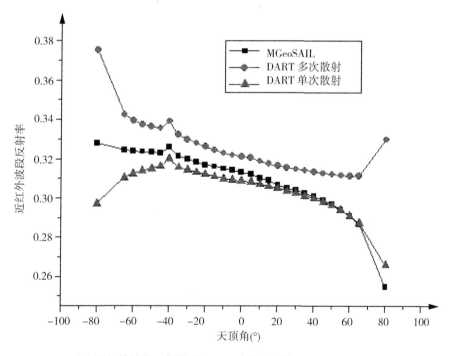

(a) 近红外波段、郁闭度 0.05、太阳天顶角 40°，MGeoSAIL
与 DART 一次散射、多次散射结果比较

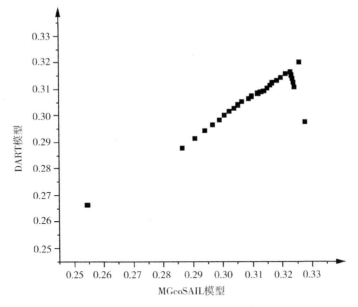

（b）近红外波段、郁闭度 0.05、太阳天顶角 40°，MGeoSAIL
与 DART 多次散射 BRDF 的散点图

图 6.6　MGeoSAIL 与 DART 一次散射、多次散射结果比较及多次散射 BRDF 的散点图（四）

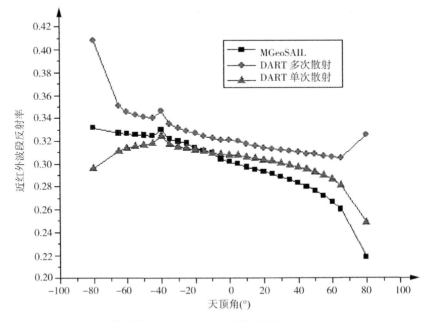

（a）近红外波段、郁闭度 0.20、太阳天顶角 40°，MGeoSAIL
与 DART 一次散射、多次散射结果比较

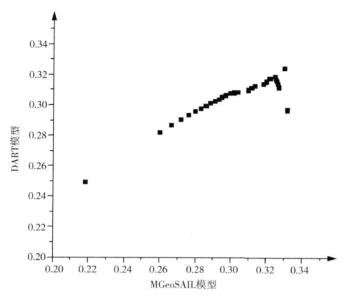

（b）近红外波段、郁闭度 0.20、太阳天顶角 40°，MGeoSAIL
与 DART 多次散射 BRDF 的散点图

图 6.7　MGeoSAIL 与 DART 一次散射、多次散射结果比较及多次散射 BRDF 的散点图（五）

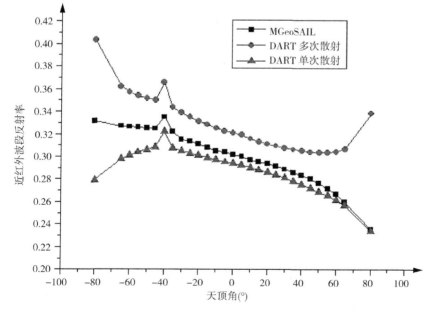

（a）近红外波段、郁闭度 0.05（树冠棵数减少、个体增大）、太阳天顶角 40°、
MGeoSAIL 与 DART 一次散射、多次散射结果比较

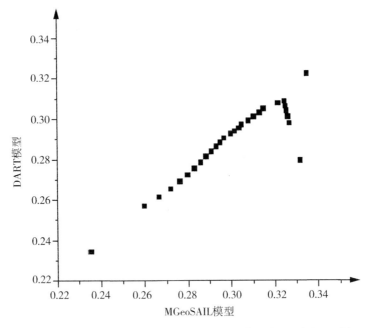

（b）近红外波段、郁闭度 0.05（树冠棵数减少、个体增大）、太阳天顶角 40°、
MGeoSAIL 与 DART 多次散射 BRDF 的散点图
图 6.8 MGeoSAIL 与 DART 一次散射、多次散射结果比较及多次散射 BRDF 的散点图（六）

增加在前向 BRDF 值小于 DART 模拟的值，这是由于郁闭度的增加导致树冠之间相互重叠的面积增加，MGeoSAIL 模型尚未考虑重叠影响，这导致在前向方向阴影树冠面积增加，BRDF 值降低，说明冠层内部的多次散射对阴影树冠的反射率贡献可以忽略（Jing M C et al.，2001），而在背向方向考虑冠层内部多次散射出现"碗边"效应，说明多次散射主要来自光照树冠表面（Weng N et al.，1999）。同时由表 6-3 可以得到结果：不同的郁闭度对冠层 BRDF 曲线模拟影响较大。

6.2 BRDF 受森林格局的影响

许多研究结果表明，把地物目标作为漫反射体的假设与实际情况有较大的差异，其反射分布必须要用双向反射分布函数（BRDF）来描述。根据 Gerstl 等（1986）的研究结果，多角度的反射光谱对地物（特别是植被）结构特征的估算及类型鉴别比垂直光谱有明显的优越性。主要原因是物体的光谱反射值除与物体的物质结构组成有密切关系外，更主要取决于物体的几何形态和空间分布（Ranson K J et al.，1985；张仁华等，1991）。研究物体的空间分布对 BRDF 的影响，要从不同的几何尺度上考虑。在冠层内尺度上，Jing（2003）研究针叶林的"针"、阔叶林的"叶"在树冠内的分布特征对形成 BRDF 的影响，发现叶簇分布方式对光照与阴影叶片比例的影响很大。在大于树冠尺度上，Gerard 和 North（1997）利用光线跟踪方法模拟人工林和天然林的 BRDF 曲线。Jing（1997）在研究加拿大黑杉的 BRDF 模型时发现，黑杉在空间中的分布是极不均匀的，这揭示李小文-Strahler-Jupp 的几何光学模型中以树冠中心点在空间具有随机分布特征是不符合现实情况的（Chen J M et al.，1997）。显然树冠在空间的群落式分布必然会影响到不同组分的受光率，使之成为 BRDF 特征的重要成因之一。林木之间的相互遮蔽程度与林木的空间格局有明显的关系，因此林木空间格局对 BRDF 有显著的影响（Hall F G et al.，1995）。但是以往研究仅仅从定性上反映三种格局对 BRDF 的影响，本书利用均匀度指数定量地描述林木空间分布对 BRDF 的影响，揭示即使在同一林木空间格局情况下，BRDF 曲线随均匀度变化依然显著。

在第 3 章中我们已经介绍了目前多角度遥感模型，按其理论基础可归纳为四类：几何光学模型、辐射传输模型、混合模型、计算机模拟模型。其中大部分的几何光学模型规定树冠中心点在空间遵从随机分布，这种空间的随机性没有作任何尺度上的限制，就是说我们断定了在任何尺度上树冠空间分布具有随机分布的特征，这与事实不符（徐希孺，2005）。事实上，树冠在空间分布包括均匀分布、随机分布、集聚分布，几何光学模型没有充分地考虑到三种分布对 BRDF 的影响，本书模拟生成三种林木空间分布场景，利用三维辐射传输模型模拟相应场景的 BRDF 曲线，分析了三种林木空间格局对 BRDF 的影响。

6.2.1 均匀度理论

最早对群落中植物种群个体分布的随机性进行研究的学者是 Gleason 和 Svedburg（Moristita J，1959）。Moore（1954），Moristita（1959）在此基础上发展出更多的随机性指数，而 Lloyd（1967）提出了平均拥挤指数 $m*$ 和聚块指数，Moristita（1959）提出了分散指数。Hopkins 在 1954 年提出了通过与随机格局进行比较的格局检验方法。Clark 和 Evens（1954）提出了基于随机的植物到其最近邻体的距离的格局检验方法，这一方法由 Donnelly（1978）所修改。

在国内有关格局的研究中，对于 Moristita 指数，方差均值比的应用较广

（Wang W Y et al.，1998；Zhang Q G et al.，1994）。毛乌素沙地中飞播产生的种群格局与流沙状态和植物生态习性有关（Shen W S，1998）。陈学林等（1994）对沙棘的分布格局研究表明，在生态条件严酷的地段总是呈现不连续集聚分布（Chen X L et al.，1994）。张金屯等（1998）对点格局的研究与本书的抽样方法相似（Zhang J T，1998），但统计方法不同。

对于种群格局一直有两种抽样方法，其一是对个体较小且数量较大的种群进行样方抽样，在样方中调查个体数量。其二是针对林木这样个体较大数量较小的种群，更适合于用距离抽样来进行研究。本书引用的均匀度理论正是对后者发展了"独占圆"概念，对格局的均匀性进行度量和检验的方法。

1. 独占圆、独占线和独占球的定义

定义 1　在二维欧氏空间，对于一定空间范围内分布的点集，设任意一点与最近邻体的距离为 s，与边界的最小距离为 s_1，则称以该点为圆心，$s/2$ 和 $s_1/2$ 之中的最小者为半径所画的圆为该点的独占圆。

定义 2　考虑在 n 维欧氏空间的点集，设任意一点与最近邻体的距离为 s，则称以该点为球心，以 $s/2$ 为半径所画的球为该点的独占球。

定义 3　称点集的分布为格局。称一点的最近邻体为邻近点。如果两个点互为邻近点，则称两点为一个邻体对。

定义 4　在一维欧氏空间，在一个闭区间 $[a, b]$ 内分布的点集，设任意一点 A 与最近邻体的距离为 s，若以该点为中心，以 $s/2$ 为半径的闭区间 $I(A)$ 仍在 $[a, b]$ 上，则 $I(A)$ 称为该点的独占线，记为 $M(A)$，闭区间称为点集的边界。若 $I(A)$ 的两端均超出了闭区间，则独占线 $M(A)$ 不包括闭区间之外的线段。若 $I(A)$ 的一端超出了闭区间，而闭区间的另一端有剩余线段没有属于任何点，则将剩余线段补充给 $I(A)$，若仍不足则不另补充，补充后的线段便是 A 点的独占线，记为 $M(A)$。

2. 独占圆的性质

对于独点线、独占圆和独点球，下面的引理 1 和引理 2 均成立。不失一般性，只对平面内的独占圆进行证明。

引理 1　在一定的边界内的点集，点集内所有点的独占圆是不重叠的，它们最近的空间关系是相切。

证明：用反证法。

　　假设有两个独占圆重叠，且不是相切。设其圆心分别是 A，B；半径分别为 R_A，R_B，且不妨设：$R_A \geqslant R_B$，因为 A、B 重叠且不相切，由圆的性质有 $R_A + R_B > AB$。由独占圆的定义，A 与最近邻体的距离为 $2R_A$。而 $2R_A \geqslant R_A + R_B > AB$，这说明 A 与 B 的距离比 A 的最近邻体的距离更近，这与假设矛盾。

　　结论得证。

　　引理 2　设在一个长方形内有 $a \times b = n$ 个均匀分布的点，在长方形的边界上没有点，点与最近邻体之间的距离均为 s，称这样的格局为均匀格局。若将每一个独占方 k 等分，得到的独占方、独占圆和点数均为 n，$4n$，$\cdots$，$4kn$，而独占圆面积的总和均保持不变。

　　证明：由假设可知，以任一点为圆心，以 $s/2$ 为半径的圆是该点的独占圆。在独占圆外有一个唯一的外接正方形，其边长为 s。显然，所有的外接正方形覆盖整个长方形，所以，长方形总面积为：ns^2，而独占圆的总面积为：$n\dfrac{\pi s^2}{4}$，若将每一个外接正方形均匀分割成 4 份，在每一个小正方形的中心放一个点，这时长方形总面积为：$4n\left(\dfrac{s}{2}\right)^2 = ns^2$，独占圆的总面积为：$4n\pi\left(\dfrac{s}{4}\right)^2 = n\dfrac{\pi s^2}{4}$，这时的点数为 $4n$。所以，对于上述完全均匀格局而言，当点数为 n，$4n$，$\cdots$，$4kn$ 时，独占圆的总面积保持不变，且是长方形总面积的 $\dfrac{\pi}{4}$ 倍。

　　证毕。

　　以上是针对规则长方形而得到的结论，对于连续密实的多边形，其维数为 2，可以用 $N(\varepsilon)$ 个圆来充满整个多边形，且有：$N(\varepsilon) = C\varepsilon - 2$，$C$ 是不依赖于 ε 的形状因子，这里 ε 相当于独占圆的半径，每个圆的圆心代表一个点，相当于独占圆面积为 $\pi\varepsilon^2$ 的 $N(\varepsilon)$ 个点，上式还说明，当独占圆半径缩小 $\dfrac{1}{2}$ 时，独占圆个数为原来的 4 倍，而总独占圆面积不变，本引理中"独占圆的总面积保持不变"的结论仍然成立。

　　引理 2 说明，格局均匀性与点数无关，而与独占圆面积有关。

3. 均匀度的定义与应用

　　根据引理 1，独占圆是不重叠的，独占圆面积的总和被格局唯一确定。根据引理 2，对于分布而言，独占圆面积的总和与点数无关，它是长方形总面积

的 $\frac{\pi}{4}$ 倍。基于上述两个引理，可以引入以下均匀度定义：在长方形内，所有点的总独占圆面积与长方形总面积的 $\frac{\pi}{4}$ 倍之比称为格局均匀度。设 a 为点的总独占圆面积，A 为长方形面积，令 $L = \frac{4a}{\pi A}$ 为格局均匀度，则 $a = \frac{\pi AL}{4}$，设 $\bar{\omega} = \sum_i \frac{d_i^2}{n}$ 为点与最近邻体的距离平方的平均数，则 $a = \frac{\pi}{4} n \bar{\omega}$，有

$$\bar{\omega} = \frac{4a}{\pi n} = \frac{4}{\pi n} \frac{\pi AL}{4} = \frac{AL}{n} \tag{6-24}$$

当格局为随机格局时，根据 Pielou 的证明（Pielou E C，1977），$\bar{\omega}$ 有密度函数：

$$f(\bar{\omega}) = \frac{(n\lambda)^n \bar{\omega}^{n-1} e^{-n\lambda \bar{\omega}}}{\Gamma(n)} \tag{6-25}$$

$2n\lambda\bar{\omega}$ 服从 χ^2 分布，λ 为每单位半径圆内的平均点数，$\lambda = \frac{\pi n}{A}$，则有 $2n\lambda\bar{\omega} = 2n \frac{\pi n}{A} \frac{AL}{n} = 2\pi nL$，服从自由度为 $2n$ 的 χ^2 分布，则 $L \sim \frac{\chi^2(2n)}{2\pi n}$，且有 $E(L) = \frac{1}{\pi}$，L 的方差 $D(L) = \frac{D(\chi^2(2n))}{4\pi^2 n^2} = \frac{4n}{4\pi^2 n^2} = \frac{1}{n\pi^2}$，可见 $E(L)$ 与点数和长方形面积均无关，它是一个相对指标，可以在不同点数和不同面积的长方形之间比较其均匀性。它相当于，在随机格局的假设下，每单位半径的圆的面积内正好有一个点时的点密度指标，这是一个标准的密度指标，它剔除了点数与长方形面积对均匀性的影响。但当 $n \to \infty$ 时，$D(L) \to 0$，这预示着在点充分多的情况下，均匀度的差别会变小。由于 L 的精确分布已经获得，L 可以用于格局类型检验，其检验的结果与经典的检验方法相同（罗传文，2004）。

6.2.2　基于模型模拟不同林木空间格局森林 BRDF

为了研究林木空间格局与 BRDF 的关系，需要联合多角度遥感模型和林木空间格局模型。对于多角度遥感模型本书采用的是三维辐射传输模型 DART，该模型的输入需要虚拟三维森林场景，在第 3 章中已有介绍，整个场景被分成

很多个小的立方体单元，当这些离散的小单元足够小时，可以被认为单元内是均一的。这些单元可能是下列情形之一：树冠、茎干、空气或地表。当光线穿过或遇到这些单元时，就会产生相应的散射和吸收，利用光线跟踪的方法计算不同太阳和卫星观察天顶角、方位角情况下森林冠层的光谱反射曲线。模型的主要模拟技术特征是光线跟踪和离散坐标方法，在模型中辐射传输通过迭代程序跟踪第 i 次被散射体截留作第 $(i+1)$ 次散射的辐射，直到小于入射值的某个比例，默认比例为 0.001，不再跟踪。而离散坐标方法，即将角变量 Ω 离散成 N_{dir} 连续的角分量，将微积分方程转换成 N_{dir} 微分方程。任意分量都有中心角 Ω_n 和角宽 $\Delta\Omega_n$。离散方向的总数是 $(N_{dir}+1)$。下面称视线方向为 Ω_o，太阳方向为 Ω_s。因为 $w(r, \Omega_n)=I(r, \Omega_n)$。$\Delta\Omega_n$ 功率在 r 方向沿 Ω 传输，$\forall_n \in [1, N_{dir}]$，

$$\left[\mu_n \frac{\mathrm{d}}{\mathrm{d}z}+\eta_n \frac{\mathrm{d}}{\mathrm{d}y}+\zeta_n \frac{\mathrm{d}}{\mathrm{d}x}\right] W(r, \Omega_n)$$

$$=-\alpha(r, \Omega_n)\cdot W(r, \Omega_n)+\sum_{m=0}^{N_{dir}}\alpha(r, \Omega_m)\cdot\omega(r, \Omega_m)\cdot\frac{P(r, \Omega_m \to \Omega_n)}{4\pi}\cdot$$

$$W(r, \Omega_m)\cdot\Delta\Omega_n+\alpha_B \cdot W(r, \Omega_n)$$

N_{dir} 立体角 $\Delta\Omega_n$ 必须足够小，尤其是当介质异质并且相函数各向异性，才能够使计算结果精确。

1. 林木空间格局模拟

空间分布格局是生态学研究的重要属性（Moore P G，1954；王强等，2006），林木空间分布格局是种群生物特性、种内与种间关系及其环境条件综合作用的结果，能够决定林木之间的竞争及其空间生态位，并对林分的稳定性、发展的可能性和经营空间大小有显著的影响。为了描述林木空间分布格局，近百年来进行了很多尝试。一般来说由于种内种间个体之间的竞争，林木空间分布格局可分为均匀分布、随机分布和集聚分布（庞勇等，2006；Mark R T D，1998）。

随机分布（Random Distribution）是指种群个体的分布相互间没有联系，每个个体的出现都有同等的机会，与其他个体是否存在无关，林木的位置以连续而均匀的概率分布在林地上。均匀分布（Regular Distribution），又称低常态分布（Hypodispersion Underdistribution），是指林木在水平空间中的分布是均匀等距地分布在规则的空间格点上，林木之间互相排斥。均匀分布的现象是极少

119

见的，只在农田或人工林中出现这种分布格局。集聚分布（Aggregated Distribution）又称为团状分布（Clumped Distribution）、集群分布（Contagious Distribution），是指一个个体的存在会增加其他个体出现的概率，林木之间互相吸引。集聚分布的形式较为普遍，如森林中各个树种或林下植物多呈小簇丛或团片状分布（Li H T，1995）。

在生态学中研究的格局一般是二维，则 L 的 95% 置信区间为（罗传文，2005）：

$$0.318 - \frac{0.6239}{\sqrt{n}} \leqslant L \leqslant 0.318 + \frac{0.6239}{\sqrt{n}} \tag{6-26}$$

式中，n 为区域包含的点数，即研究区域包含的树冠中心数。

如果一个格局的均匀度满足式（6-26），则称为随机格局。如果满足：$L < 0.318 - \frac{0.6239}{\sqrt{n}}$，则称为集聚格局。如果满足：$0.318 + \frac{0.6239}{\sqrt{n}} < L$，则称为均匀格局。

为了模拟均匀度从 0 到 1 的林木空间格局场景，我们根据独占圆的定义，调解 $\bar{\omega}$ 值的范围经过迭代计算生成不同林木空间格局场景。均匀度分别为 0.2099、0.2652、0.3831、0.6888、0.825、1。根据 95% 的置信度，$0.2403 \leqslant L \leqslant 0.3963$ 属于随机格局。如图 6.9 所示，模拟产生的不同均匀度的林木空间格局，场景大小为 30m × 30m，均匀度为 1、0.825、0.6888 属于均匀分布（图 6.9（a）、（b）、（c）），均匀度为 0.2652、0.3831 属于随机分布（图 6.9（d）、（e）），均匀度为 0.2099 属于集聚分布（图 6.9（f）），从图中可以观察发现，随着均匀度 L 的逐渐减小，场景中树冠中心点的分布变化趋势由均匀分布、随机分布向集聚分布变化，说明均匀度可以定量地描述林分空间分布。

2. 红光波段与近红外波段 BRDF 曲面特征分析

利用图 6.10 部分模拟生成的不同均匀度对应的林木空间格局建立林分场景，设置每棵树的参数如图 6.11 所示，以及模型所需的一系列场景参数。为了突出林木空间格局对 BRDF 的影响，我们把不同场景的单棵树参数设置相同，具体参数见表 6-4，其余参数见表 6-5。将此参数输入 DART 模型中并选择光线跟踪模式，依次模拟得到各个林木空间分布的 BRDF 曲线，只列出对研究 BRDF 最具说明性的主平面图，如图 6.12、图 6.13、图 6.14 所示。

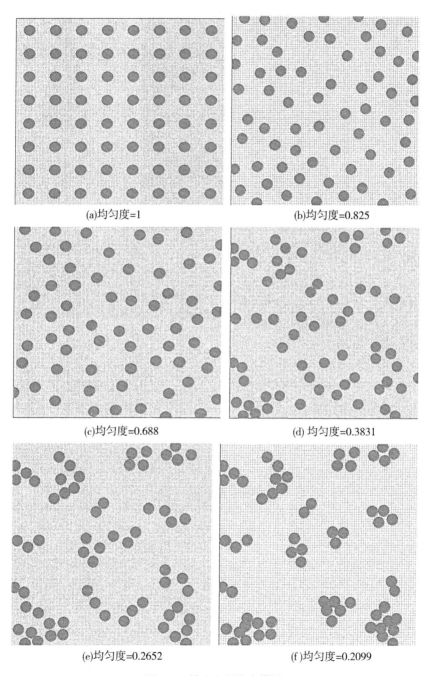

(a)均匀度=1

(b)均匀度=0.825

(c)均匀度=0.688

(d) 均匀度=0.3831

(e)均匀度=0.2652

(f)均匀度=0.2099

图 6.9 林木空间分布模拟

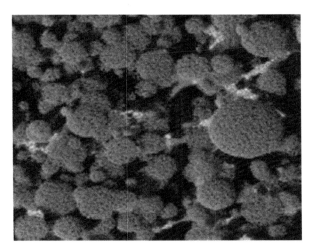

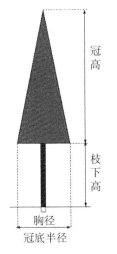

图 6.10　森林场景模拟图　　　　　　图 6.11　单棵树示意图

表 6-4　　　　　　　　　　　**森林场景中单棵树参数**

枝下高	0.7(m)
胸径	0.15(m)
冠高	5(m)
冠形	2(代表锥形)
冠底半径	0.8/1.2/1.6(m)
冠顶半径	0(m)
单棵树的叶面积指数	4

表 6-5　　　　　　　　　　　**森林场景参数**

太阳高度角	40°
太阳方位角	0°
叶片反射率(红光/近红外)	0.08/0.468
叶片透射率(红光/近红外)	0.03/0.386
茎干反射率(红光/近红外)	0.14/0.24
茎干透射率(红光/近红外)	0/0
背景土壤发射率(红光/近红外)	0.18/0.321
郁闭度	0.14/0.33/0.58

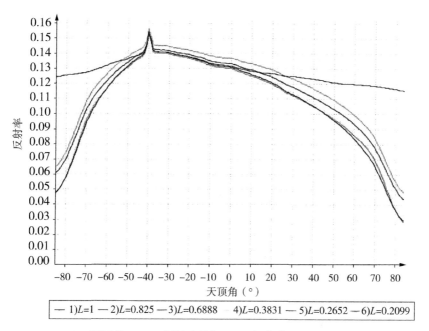

（a）郁闭度 0.14、太阳天顶角 40°、红光波段 BRDF 曲线

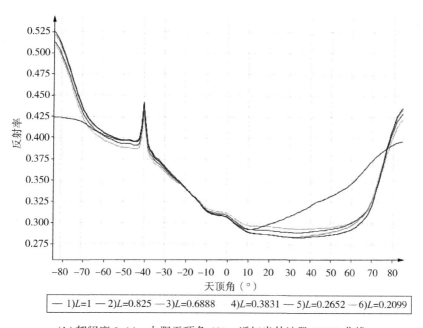

（b）郁闭度 0.14、太阳天顶角 40°、近红光外波段 BRDF 曲线

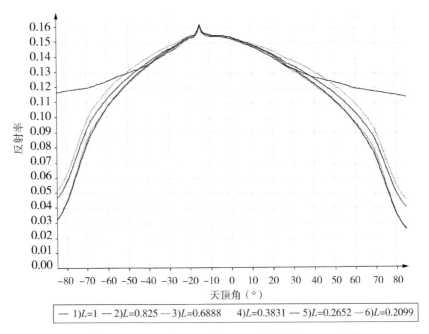

（c）郁闭度 0.14、太阳天顶角 15°、红光波段 BRDF 曲线

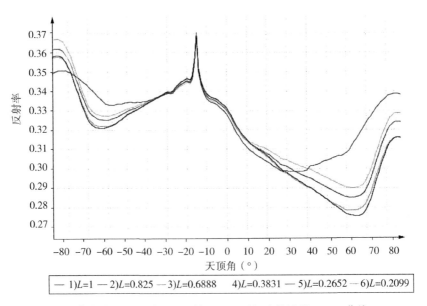

（d）郁闭度 0.14、太阳天顶角 15°、近红光外波段 BRDF 曲线

图 6.12　不同林木空间格局的 BRDF 曲线模拟（郁闭度为 0.14）

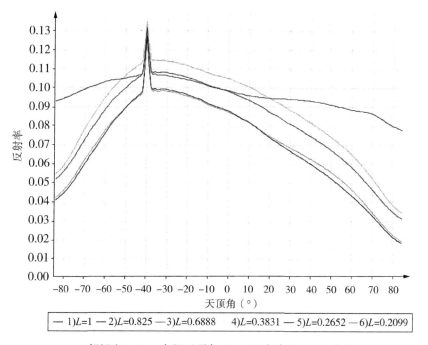

（a）郁闭度 0.33、太阳天顶角 40°、红光波段 BRDF 曲线

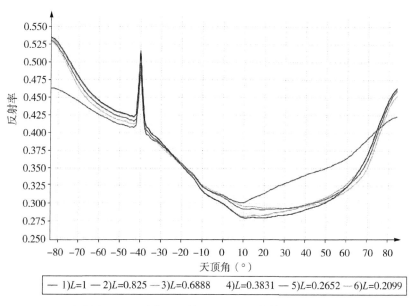

（b）郁闭度 0.33、太阳天顶角 40°、近红光外波段 BRDF 曲线

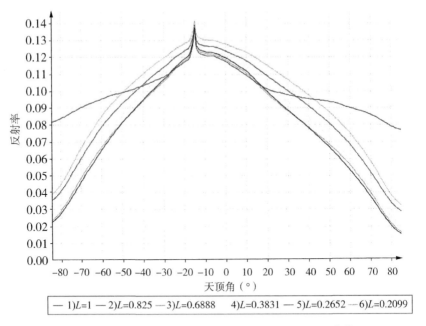

（c）郁闭度 0.33、太阳天顶角 15°、红光波段 BRDF 曲线

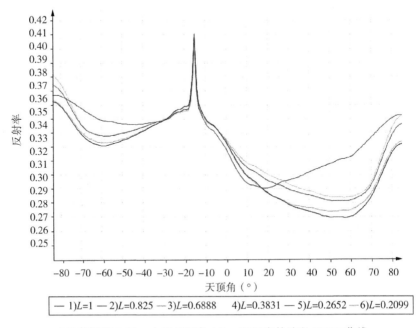

（d）郁闭度 0.33、太阳天顶角 15°、近红光外波段 BRDF 曲线

图 6.13　不同林木空间格局的 BRDF 曲线模拟（郁闭度为 0.33）

由图 6.12、图 6.13 可以看出，不同林木空间格局在红光波段对 BRDF 曲线影响显著，尤其在完全均匀分布($L=1$)的情况下。由于有其特殊性，$L=1$时需要单独考虑，其余 5 条 BRDF 曲线反映出一个规律：随着均匀度 L 的减小，BRDF 值有增大的趋势，这是因为随着林木格局从均匀到集聚变化，树冠相互拥挤遮蔽程度增加，林地内空隙率增大，导致可视背景的比率增加，又因为在红光波段背景反射率较高，BRDF 值主要由背景面积大小决定，所以 BRDF 曲线值较大。但是应该注意到均匀度分别为 0.825、0.688 对应的两条曲线区别不明显，这可以由图 6.13 中(b)与(c)两均匀度所对应林木空间分布观察发现，这两种空间分布比较均匀且树冠相互离散，可视背景的比率变化不明显，所以导致两条 BRDF 曲线区分不明显。由图 6.15、图 6.16 可以更直观地发现，均匀度 L 与 BRDF 值呈现负指数关系，即在均匀度接近 0(属于随机分布、集聚分布)时，BRDF 变化显著，均匀度较大(属于均匀分布)时，BRDF 变化不显著。图 6.15、图 6.16 中选择了 5 个角度的反射率，这 5 个角度与 CHRIS 传感器成像角度一致。

3. 不同林木空间格局 BRDF 与均匀度关系分析

从图 6.15、图 6.16 可以更直观地发现，均匀度 L 与 BRDF 呈现负指数关系，即在均匀度接近 0(属于随机分布、集聚分布)时，BRDF 变化显著，均匀度较大(属于均匀分布)时，BRDF 变化不显著。图 6.15、图 6.16 中选择了 5个角度的反射率，这 5 个角度与 CHRIS 传感器成像角度一致。

比较图 6.12、图 6.13 与图 6.14，我们可以看出，随着郁闭度的增大，不同均匀度的 BRDF 曲线之间的差异越大，这是由于郁闭度越大，树冠之间的遮蔽程度受林木空间格局的影响越显著造成的。说明疏林条件下 BRDF 曲线受均匀度的影响较小，密林条件下 BRDF 曲线受均匀度的影响较大。同时我们注意到在近红外波段，BRDF 曲线受林木空间格局的影响同样显著，但是没有表现出一定的规律性，这是由于从光谱特征与林木冠层之间的关系来看，绿色植物叶片的叶绿素在光照条件下发生光合作用，在近红外波段具有较高的反射率、高的透射率和低的吸收率，即近红外波段 BRDF 信号受林木冠层与背景、冠层与冠层之间的多次散射作用影响较大(Gausman H W，1974)，冠层 BRDF 信号包含四分量之间的相互散射信号强度，属于非线性关系，所以不能直接反映林分场景中四分量比值随空间格局改变引起的 BRDF 曲线变化。而对于红光波段有较强的吸收、弱的反射，即红光波段 BRDF 信号受林木冠层与背景、冠层与冠层之间的多次散射作用影响可以忽略(Jing M et al.，2001)，所以冠层 BRDF

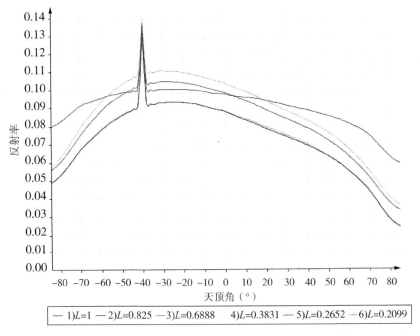

（a）郁闭度 0.58、太阳天顶角 40°、红光波段 BRDF 曲线

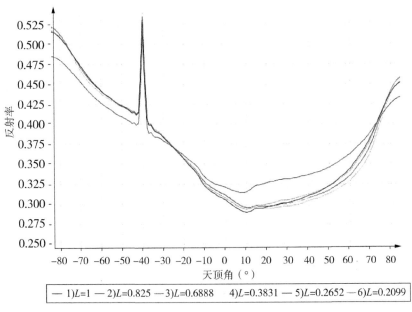

（b）郁闭度 0.58、太阳天顶角 40°、近红光外波段 BRDF 曲线

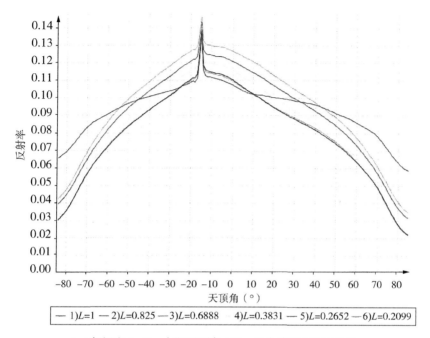

（c）郁闭度 0.58、太阳天顶角 15°、红光波段 BRDF 曲线

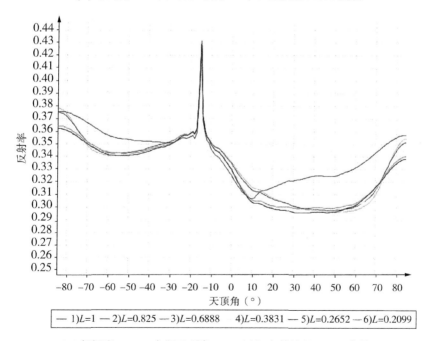

（d）郁闭度 0.58、太阳天顶角 15°、近红光外波段 BRDF 曲线

图 6.14　不同林木空间格局的 BRDF 曲线模拟（郁闭度为 0.58）

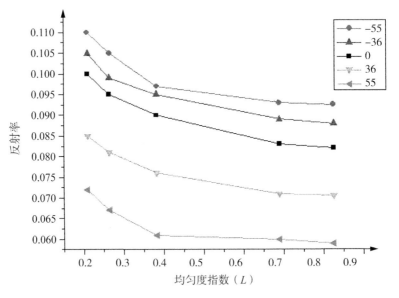

图 6.15　郁闭度 0.33，BRDF 与均匀度的关系

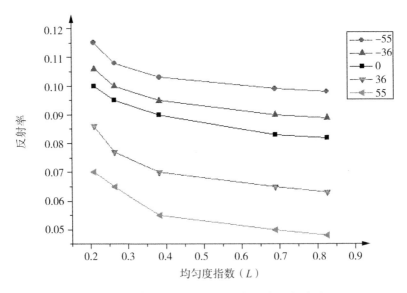

图 6.16　郁闭度 0.58，BRDF 与均匀度的关系

信号由四分量一次散射强度线性加和组成，即可以简单写成 BRDF $= \sum_{n=1}^{4} k_n \cdot$ ρ_n（其中 k_n 为每像元内四分量所占比例，ρ_n 为对应四分量的反射强度），由此可直接反映出林分场景中四分量比值随空间格局改变引起的 BRDF 曲线变化。

6.3 基于多角度遥感物理模型的查找表建立

多角度遥感作为一种新的观测方式，目前是研究的一个热点。从理论上讲，多角度遥感是在传统光学单角度观测的模式下，增加角度维的信息，既有从正上方的俯视观测，也有从斜上方的侧视观测，因而有可能观测到森林场景中的更多的可利用信息，这样就为反演森林叶面积指数等空间结构信息提供了有力保障。伴随着真正意义上的多角度卫星遥感数据的出现，多角度遥感的应用也在蓬勃展开，把 MODIS 15A2 叶面积数据产品作为真值，与利用 CHRIS 多角度数据、传统单一角度 TM/ETM+数据反演的叶面积指数比较分析两种反演方法的优缺点，在比较之前由于三种传感器的分辨率不同，需要把空间分辨率为 18m×18m 的 CHRIS 数据反演得到的 LAI、30m×30m 的 TM/ETM+数据反演得到的 LAI 经过尺度转换生成 1km 的 LAI 数据。

6.3.1 叶面积指数反演的模型选择与改进

决定地表参数反演正确与否主要有两个因素：一个是相关的模型是否准确地刻画了目标的物理过程，另一个是反演的方法是否可靠可行，叶面积指数反演就是如此（姚延娟，2007）。本研究对象为长白山地区针叶林，根据不同的林分密集程度我们选取了不同的遥感模型，例如郁闭度比较小，一般小于 0.2 时属于疏林，此时植被群体呈现非均匀状态，低密度、大个体情况，适合于几何光学模型，所以我们选取第 6 章中改进的 MGeoSAIL 模型；郁闭度大于 0.2 时属于密林，随着郁闭度的不断增大此时呈现水平均匀的结构，故选取适合于水平均匀植被的辐射传输模型（SAIL 模型）。

以上为多角度遥感数据反演叶面积指数（LAI）所选择的遥感物理模型，由于本研究需要与垂直观测的 TM/ETM+数据反演结果进行比较。所以这里介绍一下用于 TM/ETM+数据反演 LAI 的模型与本书作者对该模型的改进方法。

传统模型把 Boolean 原理应用到植被-土壤体系所构成的混合像元（Lio K N，2004），则

$$R_\lambda = R_{\infty,v,\lambda}(1 - e^{-kLAI}) + R_{s,\lambda}e^{-kLAI} \tag{6-27}$$

131

式中，$R_{\infty,v,\lambda}$ 为植被冠层十分浓密时（把土壤背景全部覆盖掉），或者说植被层厚为无限深时的植被冠层反射率，$R_{s,\lambda}$ 为土壤背景的双向发射率，k 为消光系数，显然 k 是 Ω_0（视线位置）、Ω_s（太阳位置）、LAD（叶面倾角分布）等参数的函数，其表达式：

$$(2/\pi)\left[\left(\beta_0 - \frac{\pi}{2}\right)\cos\theta_l + \sin\beta_0\tan\theta_0\sin\theta_l\right]$$

式中，λ 表示波段，θ_0 表示视线天顶角，θ_l 表示叶子法线天顶角，θ_s 为太阳天顶角，$\beta_0 = \arccos(-\cot\theta_0\cot\vartheta_l)$，$\beta_s = \arccos(-\cot\theta_s\cot\vartheta_l)$。本书针对 TM/ETM + 图像所以 θ_0 为 0°，θ_s 由成像时间图像中心经纬度计算得到，为45.637°。

针对公式（6.26）分析，$e^{-k\text{LAI}}$ 为可视背景面积所占视场面积的比值，$(1 - e^{-k\text{LAI}})$ 为可视植被面积所占视场面积的比值，故像元的反射率可表示成此两分量与其反射率线性之和，但是场景像元由四分量组成，可视阴影背景与可视阴影植被对场景反射率的贡献也是不能忽略的，比例求解与 SAIL 模型微分方程组得到的结果一致。下面推导可视阴影背景与可视阴影植被占像元场景的比值：

全波段一体化 SAIL 模型为：

$$\frac{dE_o}{L dh} = wE_s + vE^- + vE^+ - KE_o + Ke^{kLh}\varepsilon_v H_h + K(1 - e^{kLh})\varepsilon_v H_c$$

其中 H_h 为光照叶片的辐射出度，H_c 为阴影叶片的辐射出度。

两边同乘 e^{KLh}（其中 L 代表 LAI），化简得：

$$\frac{d}{L dh}E_o e^{KLh} = e^{KLh}[wE_s + vE^- + vE^+ + Ke^{kLh}\varepsilon_v H_h + K(1 - e^{kLh})\varepsilon_v H_c]$$

积分得：

$$\int_{-1}^{0} d(E_o e^{KLh}) = \int_{-1}^{0} e^{KLh}[wE_s + vE^- + vE^+ + Ke^{kLh}\varepsilon_v H_h + K(1 - e^{kLh})\varepsilon_v H_c]L dh$$

$$E_o(0) - E_o(-1)e^{-KL} = \int_{-1}^{0} e^{KLh}[wE_s + vE^- + vE^+]L dh +$$

$$\int_{-1}^{0} Ke^{kLh}e^{kLh}\varepsilon_v H_h L dh + \int_{-1}^{0} Ke^{KLh}(1 - e^{kLh})\varepsilon_v H_c L dh$$

由下边界条件（假设土壤为朗伯体反射，反射率为 ρ_s，发射率为 ε_s，并有关系 $E_s(h) = E_s(0)e^{KLh}$ 成立），可得：

$$E_o(-1) = \rho_s[E_s(-1) + E^{-1}(-1)] + (1 - e^{kL})\varepsilon_s H_d + e^{kLh}\varepsilon_s H_d$$

$$= \rho_s[E_s(0)e^{-KL} + E^{-1}(-1)] + (1 - e^{kL})\varepsilon_s H_d + e^{kLh}\varepsilon_s H_d$$

将 $E_o(-1)$ 代入上式得：

$$E_o(0) = \rho_s\left[E_s(0)\mathrm{e}^{-KL} + E^{-1}(-1)\right] + (1 - \mathrm{e}^{kL})\varepsilon_s H_\mathrm{d} + \mathrm{e}^{-kL}\varepsilon_s H_s +$$
$$\int_{-1}^{0}\mathrm{e}^{KLh}[wE_s + vE^- + vE^+]Ldh + \int_{-1}^{0}K\mathrm{e}^{kLh}\mathrm{e}^{kLh}\varepsilon_v H_h Ldh + \int_{-1}^{0}K\mathrm{e}^{KLh}$$
$$(1 - \mathrm{e}^{kLh})\varepsilon_v H_c Ldh$$

$$E_o(0) = E_s(0)w\int_{-1}^{0}\mathrm{e}^{KLh}\mathrm{e}^{kLh}Ldh + E_s(0)\rho_s\mathrm{e}^{-KL}\mathrm{e}^{-kL} + \int_{-1}^{0}(vE^- + v'E^+)\mathrm{e}^{KLh}Ldh +$$
$$\rho_s\mathrm{e}^{-KL}E^-(-1) + \varepsilon_v H_h K\int_{-1}^{0}\mathrm{e}^{kLh}\mathrm{e}^{kLh}Ldh + \varepsilon_v H_c K\int_{-1}^{0}\mathrm{e}^{KLh}(1 - \mathrm{e}^{kLh})Ldh +$$
$$(1 - \mathrm{e}^{kL})\varepsilon_s H_\mathrm{d} + \mathrm{e}^{-kL}\varepsilon_s H_s$$

$$(6\text{-}28)$$

式(6-28)就是四流近似辐射传输方程求得全波段 TOC(Top of Canopy) 传感器收到的等效辐亮度。下面介绍每一项代表的物理意义。

式(6-28)右边的每一项依次以 E_1，…，E_8 代表(赵峰，2008)，详细介绍可以参看文献，这里只是引用四分量的公式。E_5 表示冠层亮叶辐出度对 TOC 辐亮度的贡献量，其中 $K\int_{-1}^{0}\mathrm{e}^{KLh}\mathrm{e}^{kLh}Ldh$ 为四分量中亮叶即光照植被比例；E_6 表示冠层暗叶辐出度的贡献，$K\int_{-1}^{0}(\mathrm{e}^{KLh} - \mathrm{e}^{KLh}\mathrm{e}^{kLh})Ldh$ 为四分量中暗叶即阴影植被比例；E_7 表示亮土辐出度的贡献，其中 $\mathrm{e}^{-KL}\mathrm{e}^{-kL}$ 为光照背景比例；E_8 表示暗土辐出度的贡献，$\mathrm{e}^{-KL} - \mathrm{e}^{-KL}\mathrm{e}^{-kL}$ 为阴影背景比例。可以看出，四分量比例之和

$$K\int_{-1}^{0}\mathrm{e}^{KLh}\mathrm{e}^{kLh}Ldh + K\int_{-1}^{0}(\mathrm{e}^{KLh} - \mathrm{e}^{KLh}\mathrm{e}^{kLh})Ldh + \mathrm{e}^{-KL}\mathrm{e}^{-kL} + \mathrm{e}^{-KL} - \mathrm{e}^{-KL}\mathrm{e}^{-kL} = 1$$

由此得到启发可以将四分量引入公式(6-27)中，可以写成：

$$R_\lambda = R_{\infty, vt, \lambda}K\int_{-1}^{0}(\mathrm{e}^{KLAIh} - \mathrm{e}^{KLAIh}\mathrm{e}^{kLAIh})\mathrm{LAI}dh + R_{\infty, v, \lambda}K\int_{-1}^{0}\mathrm{e}^{KLAIh}\mathrm{e}^{kLAIh}$$
$$\mathrm{LAI}dh + R_{s, \lambda}\mathrm{e}^{-kLAI}\mathrm{e}^{-KLAI} + R_{sz, \lambda}(\mathrm{e}^{-KLAI} - \mathrm{e}^{-KLAI}\mathrm{e}^{-kLAI}) \qquad (6\text{-}29)$$

其中，$R_{\infty, v, \lambda}$ 为光照植被反射率，$R_{\infty, vt, \lambda}$ 为阴影植被反射率，$R_{sz, \lambda}$ 为阴影背景反射率，$R_{s, \lambda}$ 为光照背景反射率，均可由实地测量得到。其中

$$K = (2/\pi)\,\mathrm{LAI}\left[\left(\beta_0 - \frac{\pi}{2}\right)\cos\theta_l + \sin\beta_0\tan\theta_0\sin\theta_l\right] \qquad (6\text{-}30)$$

$$k = (2/\pi)\,\mathrm{LAI}\left[\left(\beta_s - \frac{\pi}{2}\right)\cos\theta_l + \sin\beta_s\tan\theta_0\sin\theta_l\right] \qquad (6\text{-}31)$$

公式(6-29)由原先的两分量组成一个像元场景引入阴影植被与阴影背景，更详细地描述了一个像元的组成，更接近现实情况。

6.3.2　查找表的建立与反演

物理模型是从物理机理上对太阳光线在植被冠层内的传输过程的描述与表达，由于过程的复杂性，表达这个过程的模型所涉及的参数也往往不止一个，由于物理模型所涉及的地表参数很多，目前遥感数据能提供的信息量还不足以支撑这么多参数的反演，模型要正确反演，必须要解决信息量不足即病态反演的问题。解决方法之一就是根据模型中感兴趣并且是敏感的参数正演建立查找表，考虑所有敏感参数在其取值范围内以一定步长变化时对冠层反射率的影响，由于物理模型涉及的参数过多，本研究针对指定的研究区域研究树种固定一部分参数，以此简化查找表。

下面介绍查找表的建立方法。

（1）首先介绍 TM/ETM+ 查找表的建立，式（6-30）、式（6-31）中 K 与 k 由 SAIL 模型针对针叶林的叶倾角分布的特点（本书规定叶倾角分布（LAD）为均匀型，即可求得 θ_l）模拟得到，LAI 数据按 0.1 一个步长改变模拟多组反射率数据，建立 LAI 与场景反射率数据一一对应的关系构成查找表。

（2）介绍针对多角度模型的查找表，植被 BRDF 是分布在上半球 2π 空间上的复杂函数，影响因素众多，错综复杂。想要了解每一个因素参数的影响程度并通过模型的反演准确地估算出每个参数，就必须对本书所选取的模型进行敏感性分析。BRDF 随各主要参数的变化分析如下（覃文汉，1992）：

①叶片的空间分布类型（λ_0）。

在相同的叶面积指数下，丛生分布的群体中"空洞"的尺度增大，"热点"效应增强。由于空隙率的增大，使得土壤的影响达最大。同时群体总的双向间隙率的增大使得下层叶片的作用也相应增强。此参数可按树种特性设定特定的值。

②天空散射光的作用（β）。

天空光的影响主要集中在"热点"区域及高观测角区。当 $\beta > 70\%$ 时，天空光的影响可以近似忽略。这说明在碧空条件下，天空散射光对 BRDF 的影响较小。一般可以设定为 0.5。

③群体的叶角分布状况（θ_m）。

群体中叶片的分布状况直接决定着植被冠层对辐射的截获量，同时对散射辐射的大小与走向亦起着决定性作用。通常我们把不同的叶倾角分布（垂直角分布）冠以不同的名称，图喜直型、喜平型、随机型（或叫球面型）等。按树种的不同设定固定的叶角分布。

④群体总叶面积指数(LAI)。

一般来说，红光对 LAI 的变化不太敏感，即其饱和叶面积指数(SLAI)较小(<3)，而近红外的 SLAI 较大(6~8)。本研究重点研究植被冠层 BRDF 与 LAI 的变化关系，所以按一定步长改变 LAI，分析 BRDF 的变化规律。

⑤叶片的反射系数和透射系数(r_{LD}，t_{LD})。

r_{LD} 的大小完全决定了 BRDF 的量级大小，它的影响是全方位的。而且，近红外波段对 r_{LD} 的变化更为敏感。t_{LD} 的影响也是近红外波段比红光波段敏感，且对后者其影响主要集中在高观测角区域，随观测天顶角的增大而增大。本书查找表考虑此参数对 BRDF 的影响。

⑥土壤的垂直反射系数(R_s^*)。

土壤的影响主要集中在"热点"区域，随着 R_s^* 的增大，其影响范围逐渐扩大。由于土壤在红光波段的反射率明显高于叶片，因此相对来说，R_s^* 的影响在红光区比在近红外区更显著。

⑦茎干的反射系数。

由于茎干的反射系数大大高于叶片，且透射系数几乎等于 0，故随着茎干面积的增加，群体的前向散射越来越弱，而后向散射越来越强，即使得群体的非朗伯散射特征越来越明显。只要茎面积占总的叶面积的比率超过 10%，茎干的影响就不能忽略。本书建立查找表所利用的模型考虑了此参数对 BRDF 的影响。

反映植被几何结构特征的参数主要有三个：叶面积指数 LAI，群体的几何特征尺度 l_L^* 及平均叶倾角 θ_m。它们在作物的长势监测、类型区分等许多实用领域具有较大的应用价值，其中叶面积指数是实用价值最大的结构参数，它在农作物长势监测、产量预报、森林和草场资源的调查和管理等方面都占有重要的地位。且以往研究结果表明，低观测天顶角下近红外的 BRDF 资料较适合于 LAI 的估算。

6.3.3 用于叶面积指数反演的查找表建立

基于以上两种模型介绍，针对辐射传输模型按照研究区树种确定不同的叶倾角分布(LAD)，叶片的反射率与透射率均为样地实测获得(利用手持高光谱分析仪对不同树种单叶片正反面分别进行 300~1100nm 的光谱测量)，同时测量地表背景的高光谱数据，LAI 按照步长按 0.1 设置，取值范围为 0~8。模拟不同 LAI 取值对应的像元植被冠层反射率并构建查找表。对于几何光学模型需要叶倾角分布、叶片与背景反射率、叶片与背景透射率、单木叶面积指数与像元场景的覆盖度，根据单木叶面积指数与像元场景的覆盖度来计算得到样地尺度的叶面积指数。类似地，LAI 也按照 0.1 一个步长进行设置，构建查找表数据库。同时太阳天顶角与成像时太阳位置一致，由成像时间与研究区经纬度计算得到。观测天顶角为 0° 代表垂直观测，因为机载高光谱数据采集近似为单角度垂直观测。

6.3.4　用于森林生物量反演的查找表建立

联合森林动态生长模型（Zelig）和多角度物理模型，建立森林冠层 BRDF 模拟数据库。森林动态生长模型（Zelig）是一种基于单木林窗的通用森林动态模拟模型，其在 FORET 模型基础上改进得到（Urban D L，1990），至今得到学者的广泛使用，并证明 Zelig 模型与森林遥感结合是进行森林参数反演研究的有效工具（Song C et al.，2007；Ranson K J et al.，1997）。模型由两个模块构成：自然环境对植被生长影响模块和植被组分生理因子模块。其中环境影响因子模块由光因子、土壤肥力、土壤水分和温度四个影响因素的限制模块构成，植被组分生理因子模块由林木更新、林木生长和林木死亡三个模块构成。

利用 Zelig 模型模拟构建森林三维场景，根据凉水研究区的植被覆盖情况，选择了三种林分类型：阔叶林、针叶林和针阔混交林。表 6-6 为 Zelig 模型需要的输入参数。由于森林生长的随机性，对每次模拟的生长过程重复迭代 10 次，从而获得可靠的林分生长参数，建立三维森林场景。对于三种树种均以 5 年为时间间隔，记录了 5～200 年的林分动态生长的结构参数变化过程。使用查找表方法进行森林参数反演的关键在于要求模拟数据库包括尽可能多的林分参数，以此详细刻画真实的森林场景，保证森林参数的反演精度。表 6-7 为查找表主要参数设置步长。对于可视角度，以 5° 为间隔，从 −70 到 70° 共模拟了 29 个视线天顶射角的情况。由于本研究主要是针对 CHRIS 数据，所以进行与 CHRIS 波段设置相同的 37 个波段反射率的模拟。因此，数据库共包含 1287600 条记录（3 种林分类型×29 种可视天顶角度×37 个波段×10 次 Zelig 重复×40 个林龄＝1287600 条记录）。

表 6-6　　　　　　　Zelig 模型中主要树种的生长与环境参数

树种	A_{max}	D_{max}	H_{max}	G	DD_{min}	DD_{max}	Light	Drt	Nutri
山杨	150	60	2500	400	800	2300	5	2	2
白桦	150	60	3000	400	1000	3000	5	2	2

树种	A_{max}	D_{max}	H_{max}	G	DD_{min}	DD_{max}	Light	Drt	Nutri
云杉	300	110	3300	60	550	1800	1	5	3
冷杉	200	70	3000	50	500	1800	1	5	1

注：A_{max}：最大林龄；D_{max}：最大胸径(cm)；H_{max}：最大树高(m)；G：生长率；DD_{min}、DD_{max}：最小、最大有效温度；Light：树种的耐阴性等级(等级：1 = 非常耐阴，5 = 非常喜阳)；Drt：耐旱等级(等级：1 = 喜湿，5 = 非常耐旱)；Nutri：树种肥力等级(1 = 喜肥，3 = 耐贫瘠)。

表 6-7　　　　　　　　　　　查找表主要参数

参数	变化范围	备注
太阳天顶角	56°	与 CHRIS 数据相同
视线天顶角	0°，70°	间隔5°
视线方位角	0°，180°	主平面与垂直主平面
波段	37	与 CHRIS 数据相同
平均树高	3.25~16.93(m)	来自 Zelig 模型
叶面积指数	0.13~9.7	来自 Zelig 模型
生物量	0.166~41.694(吨/公顷)	来自 Zelig 模型

根据 Zelig 模型模拟生成 5~200 年的三维森林场景的植被结构参数作为多角度遥感模型的输入场景参数。地物光谱数据由实验区地面实际测量得到。本研究采用的 CHRIS 多角度高光谱数据属于第 5 模式，由 37 个波段组成，需要进行地物光谱数据重新采样，与 CHRIS 波段一致。根据多角度遥感模型模拟得到 5~200 年不同龄级森林冠层 BRDF 值，研究森林三维结构参数，例如生物量、叶面积指数、覆盖度、树高等森林资源调查的关键参数与多角度光谱信息的关系，试图寻找对森林结构参数敏感的波段与角度。

6.4　叶面积指数反演

6.4.1　机载高光谱数据叶面积指数反演

机载高光谱遥感数据用于森林叶面积指数反演，CHRIS 多角度数据用于森林生物量反演。机载高分辨率高光谱数据覆盖云南省普洱市思茅区，该研究区的主要植被类型为针叶林、季风常绿阔叶林，其中针叶林以思茅松林为主。还分布有少数的山地雨林和沟谷季节雨林，其中常绿阔叶林主要有石栎、栲树与红木荷等树种，主要分布于局部山地以及浅沟部位（李帅锋，2011）。图6.17为研究区机载高光谱数据真彩色显示影像。高光谱数据是由中国林业科学研究院资源信息所的LiCHY(LiDAR、CCD and Hyperspectral)系统于2014年4月期间采集，挑选晴朗无云的天气配合地面定位信息同步进行，飞行高度约为1500m。LiCHY系统由德国IGI公司组装集成，其中包括小光斑激光雷达传感器、高分辨率CCD相机、AISI Eagle II 高光谱传感器、IMU（Inertial Measurement Unit）、GPS（Global Position System）（KOBAYASHI S et al.，2009）。其中，AISA Eagle II 称为衍射光栅推扫式高光谱成像仪，由芬兰SPECIM公司生产，包括传感器和控制器。能采集从可见光到近红外波段范围，光谱分辨率为3.3nm的高光谱数据。传感器在空间上提供线性排列Binning为512个和1024个的成像单元，光谱维上Binning为1×、2×、4×、8×四种模式，对应的数据波段个数与光谱分辨率为（448，1.15nm）、（244，2.3nm）、（125，4.6nm）、（64，9.2nm）。本次机载飞行试验采集的高光谱数据具体参数见表6-8。

表6-8　　　　　　　　　　　　　　**AISA Eagle II 高光谱数据参数**

焦距	18.1 mm
视场角	37.7°
光谱范围	400~1000nm
光谱分辨率	2.3nm
波段数	244
空间像元数	1024
空间分辨率	1m
量化值	12bits

机载高光谱数据辐射定标与几何纠正利用机载配套的CaliGeoPro软件完成，其中辐射定标需要SPECIM公司提供的AISA Eagle II传感器的定标文件，几何纠正需要GPS和IMU信息计算的航迹文件和高精度的DEM（Digital Elevation Model），LiCHY系统在进行高光谱数据采集的同时也获取了激光雷达

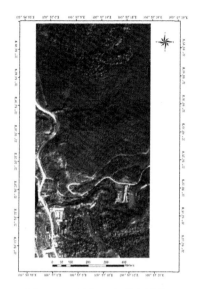

图 6.17 研究区真彩色影像

点云数据与高空间分辨率的 CCD 影像,其中激光雷达点云数据在滤波之后即可提供高空间分辨率的 DEM 数据。随后采用 ATCOR 4 软件对试验区高光谱数据进行大气校正,该软件可以加载 DEM 数据,考虑山区复杂地形对辐射的影响,同时需要成像时的太阳方位角、天顶角、大气气溶胶类型、邻近像元的影响距离、大气能见度、有效的水汽探测波段范围(AISA Eagle II 高光谱数据的水汽探测在 820nm 附近)等,完成大气纠正,降低大气对传感器采集数据的影响。同时利用 ATCOR 4 软件提供的叶面积指数 LAI(Leaf Area Index)模块,计算得到整个研究区森林叶面积指数,作为 LAI 的验证数据。如图 6.19 所示为研究区 LAI 分布图。利用 ENVI 软件进行研究区分类,如图 6.18 所示为研究区分类专题图。

利用几何光学模型与辐射传输模型,分别模拟研究区不同树种 0~8 范围的叶面积指数对应的冠层高光谱反射率查找表,然后根据图 6.18 分类专题图,逐个判断像元所属类别并选择不同树种的查找表,找到对应的查找表游历每条记录,比较机载影像像元高光谱曲线与查找表模拟的高光谱曲线,利用平方根误差最小原则寻找最相似的高光谱曲线,对应的 LAI 值作为该像元的 LAI 值。

由于在实验过程中发现先对高光谱曲线进行一阶求导,然后再利用平方根误差最小原则进行 LAI 查找,反演精度有所提高。同时为了比较分类对 LAI 反

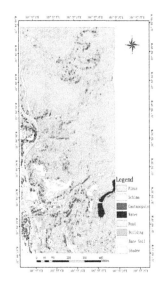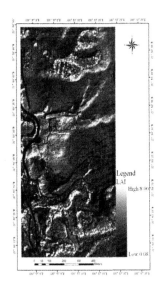

图 6.18　研究区分类专题图　　　图 6.19　研究区叶面积指数

演精度的影响，利用以上方法使用两种模型查找表对分类前后的机载高光谱数据进行 LAI 反演。图 6.20(a)、图 6.22(a)分别为 GeoSAIL 与辐射传输模型分类前反演的 LAI，图 6.20(b)、图 6.22(b)分别为 GeoSAIL 与辐射传输模型分类后反演的 LAI。比较发现使用两种模型在分类情况下 LAI 反演的专题图空间分布与图 6.19 的 LAI 实际分布相近，未分类情况下 LAI 反演专题图空间变化较小，这与研究区实际的 LAI 分布不一致，因为研究区林分由自然林与人工林组合而成，自然林生长茂盛、郁闭度较大所以 LAI 较大，而人工林由于林龄较小且由于人工择伐存在，所以 LAI 较小，图 6.20(b)与图 6.22(b)专题图中 LAI 大小空间分布变化符合研究区实际情况。同时由图 6.21 GeoSAIL 模型反演 LAI 与 ATCOR-4 计算的 LAI 比较散点图可以看出，反演 LAI 的 RMSE 由分类前的 2.67 减小到分类后的 1.21，R^2 由 0.13 上升到 0.43。由辐射传输模型反演 LAI 与 ATCOR-4 计算的 LAI 比较散点图可以看出，反演 LAI 的 RMSE 由分类前的 1.07 减小到分类后的 0.96，R^2 由 0.48 上升到 0.66。分类后反演 LAI更接近 1∶1 直线，说明更接近 ATCOR-4 商业软件计算的 LAI 值，同时发现利用 GeoSAIL 模型分类前后反演的 LAI 值均高于 ATCOR-4 计算的 LAI，这是由于 GeoSAIL 描述的森林场景大于冠层尺度，样地 LAI 由单木 LAI 与郁闭度共同决定，当郁闭度较小时需要较大的样地 LAI 才能与辐射传输模型相同的 LAI 对应的反射率相近，正如图 6.20 所示，所以 GeoSAIL 模型不符合高空间分辨率像元所描述的森林场景。

（a）分类前利用 GeoSAIL 模型反演 LAI   （b）分类后利用 GeoSAIL 模型反演 LAI

图 6.20

为了证明 GeoSAIL 不适用于高空间分辨率遥感数据反演 LAI，本书选择辐射传输模型进行 LAI 反演。由图 6.23(a)与图 6.22(b)比较发现，辐射传输模型在未分类的情况下反演 LAI 的精度高于 GeoSAIL 模型分类后的精度，RMSE 达到 1.07，R^2 达到 0.48。相比分类前，辐射传输模型分类后反演 LAI 的精度也有所提高，RMSE 由 1.07 降低到 0.96，R^2 由 0.48 提高到 0.66。这说明辐射传输模型适用于植被组分均匀分布的森林场景，而高空间分辨率遥感影像像元大小小于树冠尺度，其对应的森林场景可以近似地被看作均匀分布，而 GeoSAIL 模型描述的森林场景大于树冠尺度，适合样地尺度的离散的森林场景。所以与 GeoSAIL 模型相比，辐射传输模型更适用于机载高分辨率高光谱反演 LAI。而且由图 6.23(b)看出分类后利用辐射传输模型反演的 LAI 均匀分布在 1∶1 直线两侧，没有出现过高或者过低的 LAI 估算情况。专题图 LAI 的高低分布更符合研究区 LAI 的实际分布情况。

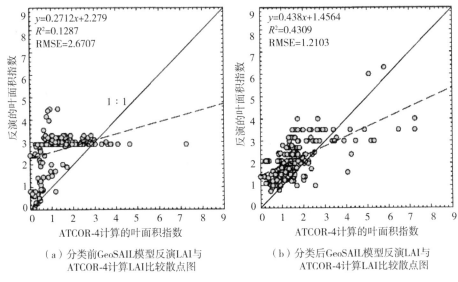

（a）分类前GeoSAIL模型反演LAI与
ATCOR-4计算LAI比较散点图

（b）分类后GeoSAIL模型反演LAI与
ATCOR-4计算LAI比较散点图

图 6.21

（a）分类前辐射传输模型反演 LAI

（b）分类后辐射传输模型反演 LAI

图 6.22

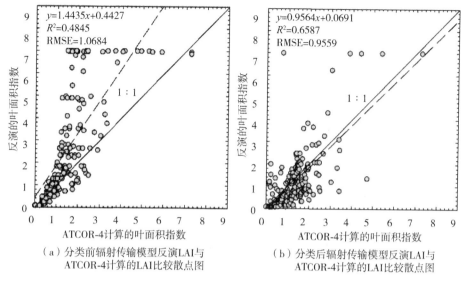

（a）分类前辐射传输模型反演LAI与
ATCOR-4计算的LAI比较散点图

（b）分类后辐射传输模型反演LAI与
ATCOR-4计算的LAI比较散点图

图6.23

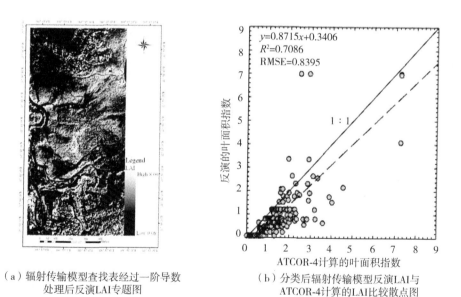

（a）辐射传输模型查找表经过一阶导数
处理后反演LAI专题图

（b）分类后辐射传输模型反演LAI与
ATCOR-4计算的LAI比较散点图

图6.24

　　由图6.24与图6.23比较发现，经过一阶导数处理后再利用最小均方根误差寻找相似高光谱曲线反演 LAI 精度较高，RMSE 由 0.96 下降为 0.84，R^2由 0.66上升为 0.71。这是由于仅仅利用最小均方根误差寻找相似高光谱曲线存在一定误差，例如如果光谱曲线形状不同但是在近红外波段两条光谱曲线比较接近，这也可能导致均方根误差较小，但是在两条光谱曲线形状不完全相似的情况下，这就可能把非植被地物错误分类到植被中并给予 LAI 值，如图 6.25 所示圆圈，左下角的圆圈代表把房屋错判为植被并分配 LAI 值。右上方的圆圈为植被覆盖较少的林地，由于土壤背景的影响，该区域的高光谱曲线在可见光范围接近土壤反射率而在近红外范围接近植被反射率，根据均方根误差最小原则，植被覆盖度较小的区域将会错判为植被覆盖度较大的情况，所以如果不经过一阶导数处理进行 LAI 反演，会导致 LAI 反演值偏高，例如图 6.25(b)右上方的圆圈区域的 LAI 值高于图 6.25(c)，所以导致分类后植被 LAI 值反演精度有所下降。

(a)研究区真彩色影像

(b)辐射传输模型查找表直接　　　(c)辐射传输模型查找表经过一阶导数
　　反演 LAI 主题图　　　　　　　　处理后反演 LAI 主题图

图 6.25　阴影对 LAI 反演的影响

6.4.2　星载 TM 数据叶面积指数反演

　　针对 TM/ETM+ 数据反演并建立查找表，其中只包括 3、4 波段的反射率与 LAI 的关系，其他参数均已固定。根据改前公式与改后公式分别建立查找表，反演得到 LAI 并比较分析改进后的公式是否适用，这里将 TM/ETM+ 由 30m 的空间分辨率经尺度转化到 1km，可以与 MODIS 15A2 LAI 产品比较。图 6.26 为 6.4 节中原始公式反演得到的 LAI，图 6.27 为 6.4 节中改进公式反演得到的 LAI，图 6.28 为 8 月中 3 个可利用 MODIS 15A2 LAI 产品求平均的结果图。

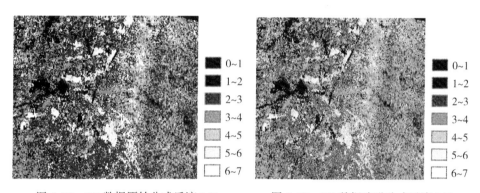

图 6.26　TM 数据原始公式反演 LAI　　　　图 6.27　TM 数据改进公式反演 LAI

图 6.28　MODIS 15A2 LAI 产品平均

　　图 6.29(SD=0.3452)、图 6.30(SD=0.2102)说明在稀疏林分情况下两公式反演结果相差较大，这是因为林分比较稀疏时，每个像元均属于光照植被、

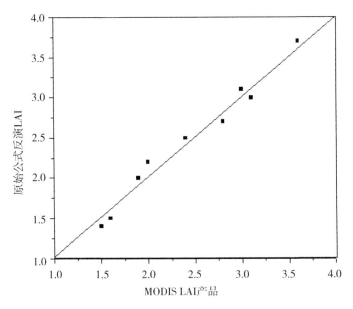

图 6.29 疏林原始公式反演结果与 MODIS 比较

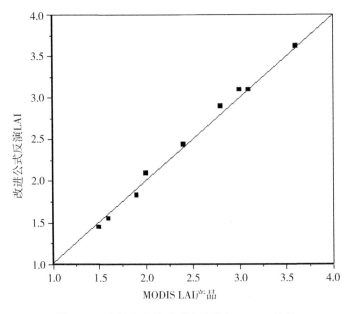

图 6.30 疏林改进公式反演结果与 MODIS 比较

光照背景、阴影植被、阴影背景组成的混合像元,其中植被个体比较突出且四分量变化明显,对场景像元的反射率影响较大。由于改进公式考虑了像元内其他两分量对反射率的贡献,更真实地描述了森林场景的构成,反演得到的 LAI 准确度高。

图 6. 31(SD=0. 3251)、图 6. 32(SD=0. 2976)说明浓密林分情况下,两模型比较发现结果比较相近,这是因为林分比较浓密时,每个像元内的森林场景接近水平均匀,且叶面积指数较高光线不易穿透冠层,四分量变化不明显,所以改进模型与原模型反演结果比较接近。这也是在可见光波段反演叶面积指数与植被指数的饱和值比较低的原因。

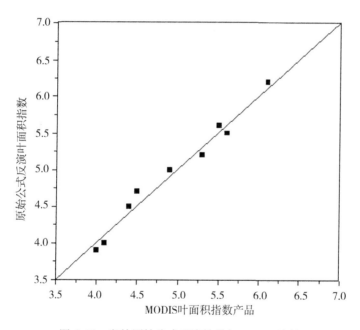

图 6. 31　密林原始公式反演结果与 MODIS 比较

6.4.3　CHRIS 数据反演结果的对比分析

TM/ETM+数据反演 LAI 数据是利用改进公式计算得到的,同时与 MODIS 15A2 LAI 产品比较,由于三种数据空间分辨率不同,经过尺度转换后三者具有相同的分辨率,可以进行比较分析。本研究研究的是同一树种,所以尺度转换利用像素加和求平均的方法。

147

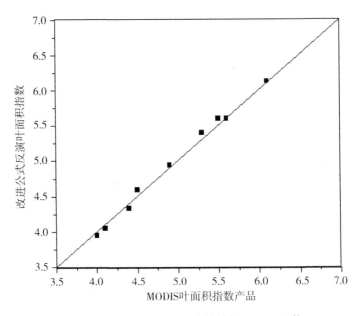

图6.32 密林改进公式反演结果与 MODIS 比较

理论上多角度数据反演 LAI 的精度要比传统的单一角度反演精度高，可以从两点来解释：①由于6.4节中原始模型仅仅是考虑像元内四分量的线性相加，所以未能描述植被冠层与冠层、冠层与土壤之间的多次散射作用，而在近红外波段植被具有较高的反射率、透射率，较低的吸收率，多次散射效应不能忽略，公式计算的反射率必然会降低，导致反演 LAI 精度下降。虽然在可见光范围，植被具有较高的吸收率、较低的反射率，多次散射效应可以忽略，但公式计算的反射率也存在一定的误差，从而导致反演 LAI 精度下降。②多角度观测可以通过对植被多个方向的观察获得更多的植被信息，使提取植被三维空间结构参数更为准确。但是图6.34(SD=0.1352)、图6.35(SD=0.1135)结果比较表明，反演精度虽有一定的提高但是差异不是很明显，分析可能产生的原因有：①不同空间分辨率所造成的尺度效应问题，本书在尺度转换上考虑得过于简单，仅仅是线性加权，但是由空间异质性所造成的尺度效应均是非线性关系，所以造成结果比较存在误差。②由于条件所限不可能在完全同一时间获得不同传感器遥感数据，只尽可能满足在同一时间范围内，由此可能造成反演 LAI 结果比较的不确定性。图6.33为 CHRIS 影像反演 LAI 的专题图。

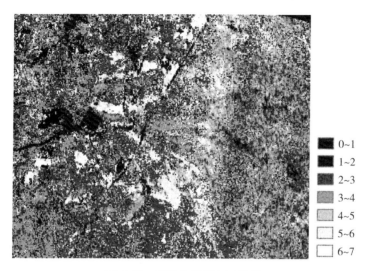

图 6.33　CHRIS 反演 LAI 结果

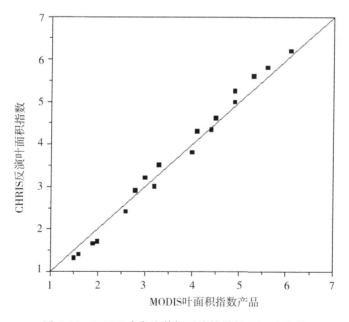

图 6.34　CHRIS 多角度数据反演结果与 MODIS 比较

149

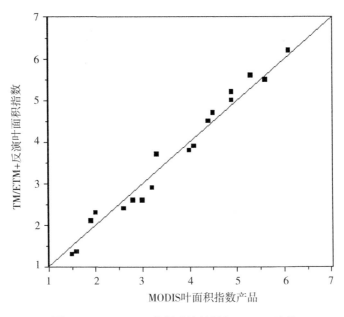

图 6.35　TM/ETM+数据反演结果与 MODIS 比较

6.5　森林生物量反演

6.5.1　多角度与单角度观测的比较

使用 8 种植被指数进行森林生物量反演,其中前 6 种为传统植被指数,后 2 种为角度植被指数,计算公式如表 6-9 所示。由于植被冠层的各项异质性,植被指数对可视角度的变化与不同的波段范围也很敏感(Verrelst J et al., 2008)。森林冠层结构受树高、树冠大小尺寸、林分密度、冠层阴影比例等因子影响,植被指数与森林生物量存在一定的潜在关系。8 种植被指数计算时采用的植被冠层反射率数据有两个来源,一个来自多角度模型模拟构建的查找表数据库,一个来自 CHRIS 多角度数据。本书采用的 CHRIS 数据有 37 个波段,根据波段长度被归一化成 4 个波段范围: R_{BLUE}(442nm、490nm)、R_{GREEN}(530nm、551nm、570nm)、R_{RED}(631nm、661nm、672nm、683nm、697nm、703nm、709nm、716nm、722nm、728nm、735nm、742nm、748nm)和 R_{NIR}(755nm、

762nm、770nm、777nm、792nm、800nm、872nm、886nm、895nm、905nm、915nm、925nm、940nm、955nm、965nm、976nm、987nm、997nm、1019nm）。

表 6-9　　　　　　　　　　　本研究使用的 8 种植被指数

植被指数	公式	引用
传统植被指数		
SRI （比值植被指数）	$\dfrac{R_{NIR}}{R_{RED}}$	Tucker(1979)
NDVI （归一化植被指数）	$\dfrac{R_{NIR}-R_{RED}}{R_{NIR}+R_{RED}}$	Tucker(1979)
PVI （垂直植被指数）	$\dfrac{R_{NIR}-a \cdot R_{RED}-b}{\sqrt{1+a^2}}$ where $a=0.96916$，$b=0.084726$	Richardson 和 Everitt(1992)
SAVI （土壤调节植被指数）	$\dfrac{(R_{NIR}-R_{RED})(1+L)}{R_{NIR}+R_{RED}+L}\ L=0.5$	Huete A R (1988)
EVI （增强植被指数）	$2.5\left(\dfrac{R_{NIR}-R_{RED}}{R_{NIR}+6R_{RED}-7.5R_{BLUE}+1}\right)$	Huete et al. (2002)
ARVI （抗大气影响植被指数）	$\dfrac{R_{NIR}-(2R_{RED}-R_{BLUE})}{R_{NIR}+(2R_{RED}-R_{BLUE})}$	Kaufman 和 Tanre(1992)
角度植被指数		
HDS （热冷点植被指数）	$\dfrac{R_{HS}-R_{DS}}{R_{DS}}$	Garbulsky M F et al. (2011)
NDHD （归一化热冷点植被指数）	$\dfrac{R_{HS}-R_{DS}}{R_{HS}+R_{DS}}$	Chen et al. (2003)

首先突出多角度遥感相比传统单一角度在反演生物量方面的优势，利用查找表中的天底角(垂直观测)观测的反射率数据构建 8 种植被指数，例如 SRI，根据其公式可以获得 247 个不同的 SRI 值(13 个近红外波段×19 个红色波段＝247 个不同的 SRI 值)；在利用不同角度的反射率数据构建 8 种植被指数时，

例如 SRI，根据其公式可以获得 207727 个不同的 SRI 值（13 个近红外波段×19 个红色波段×29（每个波段对应的角度）×29（每个波段对应的角度）= 207727 个不同的 SRI 值）。利用计算的植被指数与相应生物量建立非线性回归，回归公式 $\ln Y = A + B \cdot X$，其中 Y 代表生物量，X 代表植被指数不同的值。计算相关系数 R，均方根误差 RMSE（Root Mean Square Error）与相对均方根误差 rRMSE（Relative Root Mean Square Error）。

$$R = \frac{\sum_{i=1}^{n} (W_i - \overline{W_i})(W_i - \overline{\hat{W}_i})}{\sqrt{\sum_{i=1}^{n} (W_i - \overline{W_i})^2} \sqrt{\sum_{i=1}^{n} (\hat{W}_i - \overline{\hat{W}_i})^2}} \tag{6-32}$$

式中，W_i 为样地实测生物量或者查找表生物量，$\overline{W_i}$ 为 W_i 的平均值，$\hat{W}_i$ 为模型估测的生物量，$\overline{\hat{W}_i}$ 为 $\hat{W}_i$ 的平均值，n 为参与计算的样本数。

$$\text{RMSE} = \sqrt{\frac{1}{n} \sum_{i=1}^{n} (W_i - \hat{W}_i)^2} \tag{6-33}$$

$$r\text{RMSE} = \frac{\text{RMSE}}{\overline{\hat{W}_i}} \tag{6-34}$$

R 值越大表示植被指数与生物量之间的相关性越强，RMSE 与 rRMSE 越小则表明模型预测效果越好，rRMSE 是一个相对量，不受参数范围限制，可以进行不同值域之间模型的精度验证与比较。分别在天底角与非天底角情况下寻找 RMSE 与 rRMSE 最小时植被指数所对应的角度与波段。同时利用 CHRIS 多角度遥感数据与对应的样地实测生物量进行如上类似的计算，寻找 RMSE 与 rRMSE 最小时植被指数所对应的角度与波段，以此进一步用实测数据验证多角度用于反演生物量的优越性。这里要指出的是，角度植被指数 HDS 和 NDHD 仅仅利用相同波段不同角度计算，这是因为其定义公式的限制（Chen J M, 2003）。

除了以上结论，由表 6-10 还可以看出适于反演森林生物量的波段主要集中在几个波段范围，例如表 6-10 中的红色波长值 709nm 与 661nm，近红外波长值 716nm 与 872nm，还有蓝色波长值 490nm 与 442nm。这说明森林结构参数与不同角度的反射率存在敏感关系，同时也与不同波段的反射率存在一定关系，需要研究波段对生物量反演精度的影响，从而寻找敏感波段。

表6-10   非天底角与天底角比较利用 CHRIS 影像与样地实测数据

	R（相关系数）	红色波段\角度	近红外波段\角度	蓝光波段\角度	绿光波段\角度	RMSE（均方根误差）	rRMSE（相对均方根误差）	
SRI	−0.784	631/−55	716/−55			63.509	0.295	off-nadir
	−0.645	661/0	716/0			84.351	0.399	nadir
NDVI	−0.798	631/−55	716/−55			61.119	0.283	off-nadir
	−0.657	661/0	716/0			82.784	0.391	nadir
PVI	−0.813	709/0	1019/0			59.838	0.276	off-nadir
	−0.813	709/0	1019/0			59.838	0.276	nadir
SAVI	−0.798	631/−55	716/−55			61.118	0.283	off-nadir
	−0.657	661/0	716/0			82.772	0.391	nadir
EVI	−0.786	661/0	748/−55	442/36		61.778	0.286	off-nadir
	−0.572	672/0	940/0	490/0		90.483	0.431	nadir
ARVI	−0.831	661/0	716/−55	442/36		56.632	0.260	off-nadir
	−0.705	672/0	716/0	490/0		78.178	0.367	nadir
HDS	0.420				530/0 530/36	76.686	0.467	nadir
NDHD	−0.382				530/36 530/0	79.417	0.481	nadir

6.5.2　波段敏感性分析

根据以上分析比较发现，多角度观测在森林生物量反演方面相比单一角度观测存在一定的优势，为了寻找最优植被指数用于生物量的反演，需要进行的工作是如何确定敏感波段与敏感角度，由此构建出最优植被指数。为了寻找最优波段，本书计算不同波段的 BRDF 与生物量的关系，如图 6.36 所示。图中横轴为视线天顶角−70°～70°每间隔 5°，纵坐标为不同角度的反射率与生物量的相关系数。图中共有 37 条曲线，代表 37 个波段。根据不同角度的波段与生物量相关性的图形变化规律，可以得出波段变化主要分为两大区间：可见光与近红外两个范围，波段大于等于 716nm 的曲线形状近似，这些波段均属于近红外范围。波段小于等于 716nm 的曲线形状近似，这些波段均属于可见光范围。同时发现在可见光范围内，蓝光、绿光与红光波段也有各自的变化规律。而且还可以看出相同波段的不同角度反射率对生物量的敏感度也不相同。

造成近红外与可见光波段形状不同的主要原因是多次散射引起的，因为在近红外波段植被组分拥有较高的反射率，所以发生在植被叶片、枝干、冠层之间的多次散射作用较强，而在可见光波段范围多次散射作用很小，对冠层反射率的影响可以忽略（徐希孺，2005；Chen J M et al.，2001）。在可见光波段范围内，蓝光、绿光与红光波段曲线也不同，这是植被各个器官内部组成不同于波段的作用机理不同引起的，或者说在植被生长过程中随着生物量的变化，除森林三维结构发生变化外，其植被各组分内部物理与化学组成也发生变化，导致蓝光、绿光与红光的波段形状有所不同，当然同时这种变化也存在于近红外波段（Galvao L S et al.，2013）。所以我们通过多角度信息反演森林三维结构信息时，主要考虑敏感角度的选择，同时也要兼顾不同波段的组合。

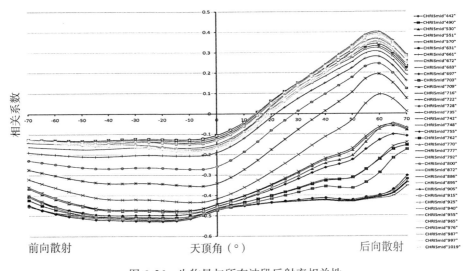

图 6.36 生物量与所有波段反射率相关性

6.5.3 角度敏感性分析

通过以上分析可以得出观测角度是影响 BRDF 与生物量关系的主要因素，最优角度的确定能提高森林生物量的反演精度。为此，本节我们不受波段的局限，在所有波段与所有角度的组合下，计算植被指数，并与生物量建立非线性回归关系，寻找 RMSE 最小的对应波段与角度作为最优波段与角度。利用 CHRIS 多角度遥感数据与样地实测生物量数据进行相同的波段与角度选择，如表 6-11 所示。这有利于理解、发现观测角度对生物量反演的影响规律。此时两个角度指数 HDS、NDHD 与 SRI、NDVI 具有相同的结果，所以不再计算 HDS、NDHD 这两个角度植被指数。

表 6-11　　　　　利用 CHRIS 数据进行最优波段与角度的选择

	R（相关系数）	红色波段/角度	近红外波段/角度	蓝光波段/角度	绿光波段/角度	RMSE（均方根误差）	rRMSE（相对均方根误差）
SRI	0.795	709/−55 631/−55				60.125	0.278
NDVI	−0.798	672/−55 697/−55				60.349	0.279
PVI	−0.820		940/−55	442/−55		57.617	0.265
SAVI	0.790	672/−55 697/−55				60.347	0.279
EVI	0.830	709/−55 683/0		490/36		56.726	0.261
ARVI	−0.819		976/−55	490/−55	570/0	56.482	0.259

比较表 6-11，说明"热点"与"冷点"附近角度信息与森林生物量相关性较大，同时我们注意到，"热点"与"冷点"的角度均比较大，这种角度下观察到的植被冠层信息大部分属于非光合作用部分，光合作用部分较少，而植被非光合作用部分为枝、杆，所以大角度观测到的信息主要来自冠层生物量信息，而冠层生物量与森林总生物量又存在很好的关系，所以大角度观测遥感信号有助于提高森林地上总生物量的反演精度(Vauhkonen J et al.，2016)，同时在大角度观测时受地面背景影响较小，因为此时观测的背景比例较少。同时发现在强调角度对森林生物量影响的情况下，波段也存在一定的影响作用。这说明根植被生长过程中随着生物量的变化，除森林三维结构发生变化外，其树木各组分内部组成，例如叶绿素等生理化学成分也发生变化，导致不同波段形状有所不同。所以我们通过多角度信息反演森林三维结构信息时，主要考虑敏感角度的

选择，同时也要兼顾不同波段的组合。

6.5.4　生物量反演结果与验证

由表 6-10、表 6-11 可以发现，RMSE 较小的植被指数为 EVI，说明 EVI 适用于森林生物量的反演并具有一定的稳定性。由图 6.37 可以看出 EVI 反演的生物量专题图分布符合研究区林分实际分布情况，与样地实测生物量比较更接近 1∶1 直线。同时也发现在生物量较小时，6 种植被指数反演的生物量均比较接近样地实测生物量值，而在生物量较大时，6 种植被指数反演的生物量与样地实测生物量值比较分布离散，远离 1∶1 直线。这是因为不同角度的反射率值不仅仅主要受森林生物量影响，同时也受其他植被结构参数的影响，例如叶面积指数，随着树木的生长，生物量在增长，但是叶面积指数却在减少或者不变，此时叶面积指数与生物量的关系不确定，相反林龄较小的树木具有较高的叶面积指数与较小的生物量，此时叶面积指数与生物量拥有相同的关系。这可能是导致角度植被指数反演生物量在林龄较小的情况下相比林龄较大时精度高的原因。

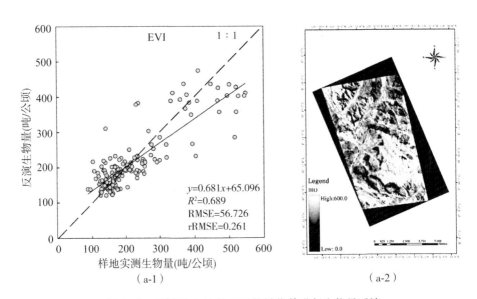

（a-1）　　　　　　　　　　　（a-2）

图 6.37　根据表 6-11 的 EVI 植被指数进行生物量反演

由于植被与土壤组成的环境属于复杂的非朗伯体系，它的 BRDF 是由太阳辐射入射方向、传感器观测方向、植被组分结构参数（LAI、LAD、尼尔逊叶簇分布方式等）、光学参数（各组分反射率与透射率）等因子构成的复杂方程，有些因子大小甚至很难估测到准确值，比如叶倾角分布函数（LAD），其值大小不仅受不同林分类型、不同树种、不同生长期的影响，而且可因风的扰动、病虫害的侵蚀或者其他因素而发生变化。其中任何一个因子的变化都会导致单一波段的反射率的巨大变化，所以考虑同时采用多个波段来减少敏感因子对BRDF的影响，利用不同角度波段相减能突出森林冠层的结构信息，相除又能减少敏感因子对BRDF的影响。各种情况下，EVI演变而来的多角度植被指数在反演森林生物量时RMSE均为最小，它是在NDVI基础上演变而来的能够降低气溶胶影响的植被指数，我们在此基础上寻找凉水研究区最适于生物量反演的波段角度组合。研究结果说明三个不同角度的波段组合比较稳定，能有效突出冠层结构对BRDF的影响，从而提高森林生物量反演精度。

本研究结果说明高分辨率高光谱遥感数据与多角度光学遥感数据在森林参数反演方面的应用潜力。首先，根据几何光学模型与辐射传输模型的不同适用范围，利用机载高空间分辨率高光谱数据联合两种模型进行森林叶面积指数反演，结果说明辐射传输模型适用于空间分辨率小于冠层尺度的遥感数据，像元对应的森林场景可以被近似视为植被组分均匀分布，而且利用高光谱反射率曲线的一阶导数能有效提高叶面积指数反演精度，帮助确定多角度遥感模型适用范围，提高了基于物理模型的森林叶面积反演精度。

其次，通过传统植被指数与角度植被指数天底角与非天底角的比较，发现相比传统单一角度垂直观测多角度遥感对目标多个方向的观察，可以获得丰富的森林观察信息，因而可以提取相比单一方向观测更为详细可靠的三维空间结构参数，为提高森林结构参数反演精度提供必要条件。进一步地，利用传统植被指数与角度植被指数任意角度与波段组合比较，讨论了森林冠层多角度信号（BRDF）与森林生物量的关系，得出背向方向在"热点"角度附近，前向方向在"冷点"角度附近与森林生物量变化敏感，这说明较大角度能观测到森林非光合作用部分，这部分正是组成森林生物量的主要组成部分，同时也说明"热点"与"冷点"是多角度观测中包含森林结构信息最为丰富的两个角度范围。或者说，在冷点与热点附近的角度观测获得的遥感信号，包括了整个植被冠层的信息，用几何光学模型原理解释热点观测方向的光照植被冠层表面积与冷点观测方向的植被冠层表面积近似等于整个冠层表面积，所以有机会获得整个植被冠层信息，而且有学者证明冠层生物量与总生物量之间存在较好的关系。同时发现EVI植被指数的多角度组合情况是最适于凉水研究区森林生物量反演的，原因在于应用两个或两个以上波段来减少众多敏感因子对BRDF的影响；利用不同角度波段相减能突出森林冠层的结构信息，相除又能减少敏感因子对BRDF的影响。希望在以后的研究中进一步挖掘森林结构信息与高光谱高分辨率、多角度数据的内在关系，确定多角度遥感模型的适用范围，提高光学遥感数据利用效率，为森林生态变化与监测提供更为可靠的依据。

第7章 基于激光雷达遥感的森林参数反演

激光雷达技术的优势主要体现在能获取与生物量密切相关的树木高度、林分密度及其他森林结构信息，是提高森林生物量估算精度、突破遥感信号对森林生物量饱和点的关键。激光雷达脉冲与森林冠层植被组分相互作用，主要发生吸收与散射作用并反射电磁波，其回波信号强度分布与森林植被垂直结构高度相关，根据雷达基本方程通过植被冠层孔隙度垂直分布将激光雷达回波信号与植被垂直结构信息建立关系，由此推断激光雷达可以用于森林遥感观测并估测树木高度、生物量、林分密度与蓄积量等森林空间结构信息。利用 LiDAR回波波形数据提取森林参数，一般是利用分位数、波前倾角、峰值点个数、回波能量等多种波形参数与待反演森林生物量建立多元回归方程，利用逐步回归等方法筛选出相关性较强的波形参数用于生物量的反演，但是由于实验区不同多元回归方程的自变量也随其改变，这就导致反演方程的不确定性，限制了激光雷达反演森林生物量的推广。本章针对此问题，根据雷达方程并基于单木异速生长方程推演出适用于样地尺度的森林生物量指数，在激光雷达波形数据纠正基础上，以 Howland 研究区为例进行森林生物量的反演与验证，结果表明该生物量指数适用于样地尺度的森林生物量反演，并且避免了回归方程自变量随研究区变化的问题。同时在激光雷达波形数据提供丰富的森林结构信息的基础上，联合反映森林物理结构与生理状态的敏感角度与波段，进行树种分类，在分类基础上将重合区域的激光雷达光斑与多角度影像像素进行归类，以此增加离散激光雷达光斑波形数据与多角度影像之间的相关性。再将相同树种的激光雷达光斑生物量与多角度影像像素对应的敏感角度与波段，按照树种分别建立模型进行生物量反演外推。

7.1　星载激光雷达 LVIS 波形数据

本研究使用的激光雷达数据由 LVIS(Laser Vegetation Imaging Sensor)获得，是由美国国家航空航天局(National Aeronautics and Space)提供的。激光雷达植

被成像传感器是一个机载激光高度计，它具体由美国宇航局戈达德宇航飞行中心（Goddard Space Flight Center，GSFC）的激光遥感实验室设计制造（Blair J B et al.，1999）。在 NASA 提出 Deformation，Ecosystem Structure，and Dynamics of Ice（DESDynI）之前，按原计划 LVIS 作为植被冠层雷达（VCL）星载激光雷达的搭载传感器，随后 VCL 计划搁浅，但 LVIS 因其较好的数据质量一直作为机载大脚印激光雷达进行各种科学实验，曾经多次参加南极冰川动态研究等科研项目，为将来 DESDynI 计划做准备。2009 年 8 月，马里兰大学与美国宇航局戈达德宇航飞行中心等多家单位联合使用 LVIS，在美国本土和哥斯达黎加主要林区与冰川覆盖区进行了多次飞行实验，获取了冠层以及地表地形数据。LVIS 的采样间隔大概为 30m，记录森林植被树冠组分后向散射的脉冲强度。激光雷达脚印范围内获得的脉冲能量即为激光雷达回波波形，它直接测量了森林结构信息。LVIS 脉冲波束以与飞机飞行垂直的方向进行扫描，如图 7.1 所示。

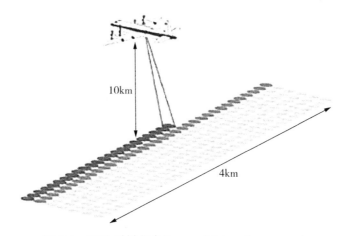

图 7.1　LVIS 采样方式（https：//lvis.gsfc.nasa.gov）

　　为了降低由飞机飞行姿态变化引起的各种误差，LVIS 激光器扫描由软件进行实时调整。LVIS 的扫描角度左右张角约为 24°，在飞行高度为 10km 的情况下能够覆盖左右共约 4 千米的宽度。LVIS 产品有不同的版本而且分为三种格式：文件后缀名分别为".lce"".lge"".lgw"，版本不同三种格式文件存储的内容稍有变化，本书以 1.02 版本为例，介绍 LVIS 的数据存储内容。LVIS 的冠层高程数据".lce"文件包括了激光回波最高点的经度、纬度和高程（即地表高程+RH100）；LVIS 的地理编码回波波形数据".lgw"文件记录了波形的位置、能量大小与噪音等主要信息；LVIS 的地表高程数据".lge"文件包括了地面坐标、地表高程，四个分位数 25%、50%、75% 和 100%，分别表示为 RH25、RH50、RH75 和 RH100，数据形式分别见表 7-1、表 7-2、表 7-3。LVIS 波形数据产品示意图如图 7.2 所示。

表 7-1 　　　　　　　　　　　　LCE 数据描述

数据项	字节大小	格式	数据项描述
Tlon	8	Double	回波最高点经度
Tlat	8	Double	回波最高点纬度
Zt	4	Float	回波最高点高程(m)

表 7-2 　　　　　　　　　　　　LGE 数据描述

数据项	字节大小	格式	数据项描述
Glon	8	Double	回波最低点经度
Glat	8	Double	回波最低点纬度
Zg	4	Float	地表高度(m)
RH25	4	Float	回波能量达到25%时相对地面的高度(m)
RH50	4	Float	回波能量达到50%时相对地面的高度(m)
RH75	4	Float	回波能量达到75%时相对地面的高度(m)
RH100	4	Float	回波能量达到100%时相对地面的高度(m)

表 7-3 　　　　　　　　　　　　LGW 数据描述

数据项	字节大小	格式	数据项描述
Lon0	8	Double	回波能量最高采样点的经度
Lat0	8	Double	回波能量最高采样点的纬度
Z0	4	Float	回波能量最高采样点的高程(m)
Lon431	8	Double	回波能量最低采样点的经度
Lat431	8	Double	回波能量最低采样点的纬度
Z431	4	Float	回波能量最低采样点的高程(m)
Sigma	4	Float	信号平均的噪音水平，飞行时计算
Wave	432	Byte	回波信号，飞行时采集

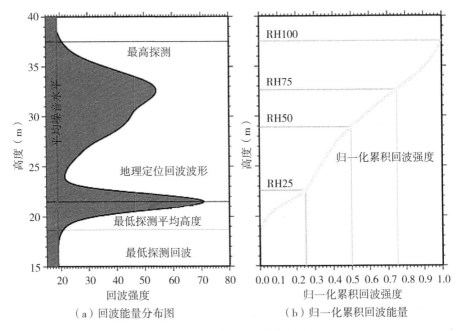

（a）回波能量分布图　　　　　　（b）归一化累积回波能量

图 7.2　LVIS 波形数据产品示意图

　　研究区为 Howland，位于美国缅因州附近的国际北部实验林场，经纬度坐标(45.25°N，68.75°W)。该区域用于林业研究，获取了详细的生态学测量数据。树种包括人工林、大面积天然林等各种林地类型。天然林林型包括云杉-铁杉-冷杉林、杨桦林、铁杉-硬叶混交林。研究区地势低平，最大海拔高差不足 135 m。本研究区气候寒冷湿润，土壤主要是冰碛物，有机质含量高，较大的土壤异质性形成了斑块状的森林群落，森林结构多样化，物种和林分密度具有多样性。2009 年 8 月中旬，为了配合 DESDynI 计划的进行，对本研究区进行了森林参数的实地测量(Bruce C et al.，2010)。测量了树的胸径（树木 1.37m 高处的直径）、优势木高度、LAI 等，总共测定了 24 个 50m×200m 的样方（其中每个样方又分成了 16 个 25m×25m 的亚样方）。测量中利用差分 GPS 进行了所在样地位置的坐标定位，误差基本在 1~2m 以内。

　　在研究区范围内选择与 LVIS 重叠的区域作为本章研究区域。如图 7.3 所示为 LVIS 研究区范围，图 7.3(b)是由 LVIS 激光雷达脚印坐标按照图 7.3(a)影像坐标一一对应生成的栅格影像。由于 LVIS 数据为多条带重复飞行获得的数据，脚印中心坐标距离大小不等，本书以像素坐标为中心、以脚印半径画圆判断落入圆圈的激光回波，将其取平均值作为该像素的树高。图 7.4 所示为

LVIS 研究区分类影像。

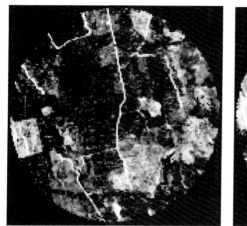

（a）LVIS研究区真彩色影像　　　　　（b）LVIS数据树高灰度影像

图 7.3　LVIS 研究区范围

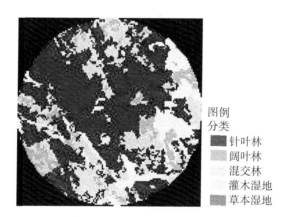

图例
分类
■ 针叶林
■ 阔叶林
□ 混交林
■ 灌木湿地
■ 草本湿地

图 7.4　LVIS 研究区分类影像

7.2　激光雷达生物量模型

单木生物量计算公式

$$\mathrm{AGB} = F \cdot \rho^{\beta} \cdot \left(\frac{1}{4}D^2\pi\right)^{\beta} \cdot H^{\beta} \tag{7-1}$$

　　式中，H 为树高；D 为胸径；ρ 为木质的密度，单位为 g/cm³；$\beta < 1$；F 为表述树干截面积随高度增加而减小的量，其取值与树种有关（Chave J et al.，2005）。式（7-1）的单木生物量与树高、胸径有关，但是考虑到机载激光雷达回波数据最大的优势在于能直接获取树冠高度，获得胸径是比较困难的，或者说通过间接方法可以计算得到胸径但是准确度有所下降。所以需要考虑是否将式（7-1）转化为仅与树高有关的生物量公式。

　　有学者证明在树木生长过程中，树高与胸径存在一定的关系

$$H \propto D^{b} \tag{7-2}$$

　　式中，H 的单位为 m；D 的单位为 cm；b 的取值与树高、龄级有关，一般在 $0 \sim 1$（Niklas，1996）。将式（7-2）代入式（7-3），我们可以得到基于树高的生物量计算公式

$$\text{AGB} = F \cdot \rho^{\beta} \cdot \left(\frac{1}{4}\pi\right)^{\beta} \cdot H^{\frac{2\beta}{b}+\beta} \tag{7-3}$$

　　式中，ρ 与 F 的取值与树种有关，H 可以由激光雷达数据直接获得，$\left(\dfrac{2\beta}{b}+\beta\right)$ 的取值范围为 $2.2 \sim 2.7$。

　　由单木生物量推广到样地尺度，可以累加在样地范围内的所有单木生物量，有如下公式：

$$\text{AGB} = \left(\frac{1}{4}\pi\right)^{\beta} \sum_{i=1}^{n} F_{i} \cdot \rho_{i}{}^{\beta} \cdot H_{i}{}^{\frac{2\beta}{b}+\beta} \tag{7-4}$$

　　假设样地范围内树种单一，林木生长阶段相同，近似并简化公式得到：

$$\text{AGB} = \bar{F}\bar{\rho} \sum_{i=1}^{n} H_{i}{}^{\frac{2\beta}{b}+\beta} = \bar{F}\bar{\rho}\,n\,\bar{H}^{\frac{2\beta}{b}+\beta} = n\bar{F}\bar{\rho}\left(\sum_{i=1}^{n} \lambda(H_{i})H_{i}\right)^{\frac{2\beta}{b}+\beta} \tag{7-5}$$

将式（7-5）写成连续形式：

$$
\begin{aligned}
\text{AGB} &= n\bar{F}\bar{\rho} \int_{H_{1}}^{H_{2}} \lambda(H) H^{\frac{2\beta}{b}+\beta} \\
&= n\bar{F}\bar{\rho} \int_{H_{1}}^{H_{2}} \mathrm{d}\lambda(H) H^{\frac{2\beta}{b}+\beta} \\
&= n\bar{F}\bar{\rho} \int_{H_{1}}^{H_{2}} \frac{\mathrm{d}\lambda(H)}{\mathrm{d}H} H^{\frac{2\beta}{b}+\beta} \cdot \mathrm{d}H
\end{aligned} \tag{7-6}
$$

　　其中，$\lambda(H)$ 为从层顶到高度 H 处的累积植被冠层高度分布，$\dfrac{\mathrm{d}\lambda(H)}{\mathrm{d}H}$ 为植被冠层高度变化概率密度函数，H_{1} 与 H_{2} 为样地尺度内植被冠层最低与最高值。

激光雷达回波信号记录了植被冠层每层组分对激光雷达脉冲的后向散射能量，所以回波信号与植被冠层的水平与垂直结构有关（Drake J B et al.，2002）。因为森林生物量与植被结构存在一定的关系，希望从激光雷达回波信息中提取森林生物量是可行的。植被冠层越密集激光雷达回波能量越高。植被冠层密集可能有两种原因，密集的植被组分或者树木密集度较高，所以激光雷达回波能量随高度的变化概率密度 $\dfrac{\mathrm{d}\lambda(H)}{\mathrm{d}H}$ 能反映样地尺度内植被冠层的高度分布情况。

激光雷达回波波形与森林植被结构的内在关系可以通过植被冠层孔隙度反映出来，冠层孔隙度与植被组分高度分布概率密度函数有关，所以有下式（7-7），这里将 Z 换成 H。

$$F_{\mathrm{app}}(H) = \frac{1}{P(H)} \frac{\mathrm{d}P(H)}{\mathrm{d}H} = \frac{\mathrm{d}\ln P(H)}{\mathrm{d}H} \tag{7-7}$$

式中，$P(H)$ 为植被冠层孔隙度，可以写成（Yang W et al.，2010；Ni-Meister W et al.，2010）

$$P(H) = \exp\left(-\frac{\gamma G L(H)}{\mu}\right) \tag{7-8}$$

式中，γ 为尼尔逊（Nilson）参数，描述叶片的空间分布聚集度情况，当 $\gamma > 1$ 时代表规则分布，$\gamma = 1$ 时代表随机分布，$\gamma < 1$ 时代表丛生分布；G 为植被组分空间取向分布函数，$L(H)$ 为叶面积指数；$\mu = \cos\theta$。由式（7-7）和式（7-8）可以得到：

$$F_{\mathrm{app}}(H) = \frac{\mathrm{d}\ln P(H)}{\mathrm{d}H} = -\gamma G \cdot \frac{\mathrm{d}L(H)}{\mathrm{d}H} \tag{7-9}$$

假设植被冠形为圆柱体，半径为 γ，$\dfrac{\mathrm{d}L(H)}{\mathrm{d}H}$ 可以写成：

$$\frac{\mathrm{d}L(H)}{\mathrm{d}H} = u_L(H) \cdot \pi \cdot \gamma^2 \cdot H \cdot \frac{\mathrm{d}\lambda(H)}{\mathrm{d}H} \tag{7-10}$$

式中，$u_L(H)$ 为单棵树叶面积体密度函数，单位为 $\mathrm{m}^2/\mathrm{m}^3$，假设植被冠形为圆柱体，所以 u_L 为常数，$\lambda(H)$ 为冠顶到高度 H 的植被冠层垂直密度累积分布函数，单位为 $1/\mathrm{m}^2$，联立式（7-9）与式（7-10）可以得到：

$$\frac{\mathrm{d}\lambda(H)}{\mathrm{d}H} = \frac{F_{\mathrm{app}}(H)}{\gamma \cdot G \cdot u_L(H) \cdot \pi \cdot r^2} \tag{7-11}$$

将式（7-11）与式（7-6）联立，可以将样地尺度生物量与激光雷达回波波形建立关系，得到下式：

$$\text{AGB} = \frac{n \overline{F} \, \overline{\rho}}{\gamma \cdot G \cdot \pi \cdot r^2} \int_{H_1}^{H_2} \frac{F_{\text{app}}(H)}{u_L} \cdot H^{\frac{2\beta}{b} + \beta - 1} \mathrm{d}H \tag{7-12}$$

设 $\dfrac{n \overline{F} \, \overline{\rho}}{\gamma \cdot G \cdot u_L \cdot \pi \cdot r^2}$ 为 α 且与冠高 H 无关，并令 $\dfrac{2\beta}{b} + \beta - 1$ 为 c，且取值范围为 1.2 ~ 1.7，式（7-12）可以简化为：

$$\text{AGB} = \alpha \int_{H_1}^{H_2} F_{\text{app}}(H) \cdot H^c \mathrm{d}H \tag{7-13}$$

$$\text{AGB} = \alpha \cdot \text{AGBI} \tag{7-14}$$

$$\text{AGBI} = \int_{H_1}^{H_2} F_{\text{app}}(H) \cdot H^c \mathrm{d}H \tag{7-15}$$

式中，定义 AGBI 为激光雷达回波生物量指数，α 的取值与木质密度、叶倾角分布、叶面积体密度函数以及冠形有关。$F_{\text{app}}(H)$ 可以从激光雷达回波纠正波形中提取，或者由小脚印激光点云拟合得到，如果 $F_{\text{app}}(H)$ 真实反映森林冠层的垂直分布信息，或者说能提供准确的树高、林木密度与树种信息，反演得到的生物量越准确。

同时，有学者证明在树木生长过程中，有效冠与胸径存在一定的关系。其中，有效冠的表面积（ECSA）与胸径（D）、有效冠高（HEC）和有效冠长（ECL）紧密相关。

$$\text{ECSA} = b_0 D^{b_1} \text{HEC}^{b_2} \text{ECL}^{b_3} \tag{7-16}$$

如果假设地基激光雷达点云采样足够，式（7-17）中 H_1 与 H_2 为单木冠层有效冠高度与树冠最高值，高度差为有效冠高度。有效冠面积求解可以把激光雷达点云经过特征转换，由空间域转换到频率域。式（7-17）为频率域冠表面积计算公式，其中 F_{app} 为单木树冠组分密度分布函数。

$$\text{ECSA} = \int_{H_1}^{H_2} F_{\text{app}}(H) \cdot \mathrm{d}H \tag{7-17}$$

由式（7-1）、式（7-16）、式（7-17）联立可得到式（7-18）：

$$\text{AGB} = \frac{F \cdot \rho^{\beta} \cdot \left(\dfrac{1}{4}\pi\right)^{\beta} \cdot H^{\beta}}{b_0^{\frac{2\beta}{b_1}} \cdot \text{HEC}^{\frac{2\beta b_2}{b_1}} \cdot \text{ECL}^{\frac{2\beta b_3}{b_1}}} \left[\int_{H_1}^{H_2} F_{\text{app}}(H) \cdot \mathrm{d}H \right]^{\frac{2\beta}{b_1}} \tag{7-18}$$

设 $\alpha = F \cdot \rho^{\beta} \cdot \left(\dfrac{1}{4}\pi\right)^{\beta} \cdot b_0^{-\frac{2\beta}{b_1}}$，式（7-18）可简写为

$$\text{AGB} = \alpha \cdot \text{HEC}^{-\frac{2\beta b_2}{b_1}} \cdot \text{ECL}^{-\frac{2\beta b_3}{b_1}} \cdot H^{\beta} \left[\int_{H_1}^{H_2} F_{\text{app}}(H) \cdot \mathrm{d}H \right]^{\frac{2\beta}{b_1}} \qquad (7\text{-}19)$$

由式(7-19)可以看出，单木生物量与树冠、有效冠的表面积(ECSA)、有效冠高(HEC)和有效冠长(ECL)紧密相关。

7.3 森林生物量反演

由式(7-14)可以得到，只要获得树种、植被冠层高度分布信息就能得到森林生物量，植被冠层高度分布信息需要从激光雷达回波波形中提取，基于LiDAR波形纠正获得植被冠层高度空间分布信息，提高激光雷达波形数据利用率，以期获得准确的森林生物量。为了证明波形纠正的必要性，在计算生物量指数时使用了激光雷达的原始波形数据和纠正后的波形数据，将计算的生物量指数与地面样地数据比较验证，同时进行树种分类比较说明生物量指数与树种的关系。

7.3.1 波形纠正对生物量反演精度的影响

根据前述内容对波形进行纠正，如图 7.5 所示，图 7.5(a)为纠正前波形数据，图 7.5(b)为纠正后波形数据。可以看出两个波形能量大小与分布有较大的差异，纠正前为回波能量，其大小受到叶倾角分布、聚集度指数与叶片后向散射大小的影响，差异的存在表示其不能反映真实的植被冠层分布情况。纠正后波形最大限度地消除了叶倾角分布、聚集度指数与叶片后向散射的影响，尽量还原真实的植被冠层分布信息。由于激光雷达脉冲在与植被组分相互作用的过程中，随着脉冲穿透冠层深度的增加，其脉冲能量是在逐渐减少的，但是植被冠层密度却在增加，被返回到激光传感器的回波能量也会增加，所以会造成在植被冠层密度达到最大值之前回波能量提前出现最大值，这就是造成纠正前回波波形与纠正后回波波形峰值能量不在同一高度的原因。

利用纠正前后的回波数据根据式(7-15)分别计算 AGBI，然后与样地实测生物量进行线性回归，回归公式为 $\text{AGB} = Ax + B$，其中 AGB 为样地实测生物量，单位为 T/Ha，x 为利用纠正前后的波形计算得到的生物量指数 AGBI。比较图 7.6(a)与图 7.7(a)可以看出，图 7.7(b)反演的生物量分布更接近真实情况，高低分布区域变化比较明显，同时生物量分布更连续。在圆形区域的下方有两块生物量比较低的部分，这是由于定期进行分工择伐导致林分比较稀疏造成的，所以局部地区会存在生物量较高的情况，这是引起如图 7.7(b)所示在

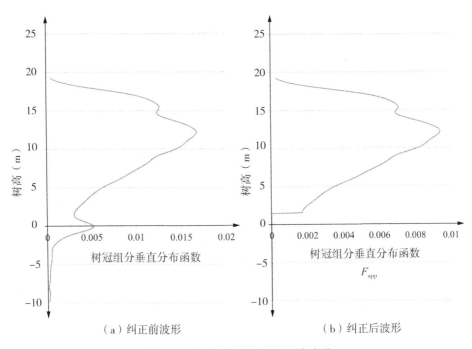

（a）纠正前波形　　　　　　　　　　（b）纠正后波形

图 7.5　纠正前后激光雷达回波波形

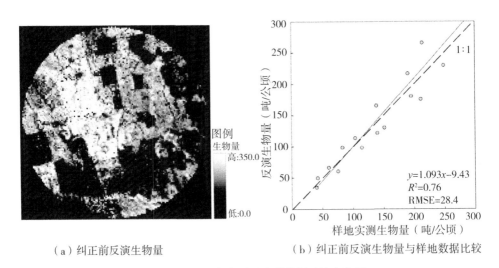

（a）纠正前反演生物量　　　　　　（b）纠正前反演生物量与样地数据比较

图 7.6　纠正前激光雷达波形数据反演生物量

生物量较低的区域会存在离散亮点的原因。但是在图 7.7(a) 中并没有表现出来，这也说明纠正前波形没有完全反映森林的空间结构信息，导致生物量反演精度下降。图 7.6(b) 与图 7.7(b) 是利用生物量指数 AGBI 进行线性回归反演得到的生物量与样地实测生物量比较散点图，表 7-4 为波形纠正前后反演生物量的精度比较。可以看出波形纠正后反演生物量更接近样地实测生物量，R^2 达到 0.86，且高于波形纠正前反演生物量的 0.76，同时 RMSE 为 23.9 小于波形纠正前的反演生物量 28.4。还可以看出在生物量较低的情况下，波形纠正前后反演的生物量都接近样地实测值，在生物量较大的情况下反演生物量与样地实测生物量偏差较大，这是由于随着林龄的增长，植被个体发展多样化导致森林的水平结构与垂直结构更加复杂化，而在林龄较小与生物量较低的情况下森林结构比较简单，所以在林龄较大与生物量较高的情况下激光雷达回波也很难准确地反映森林结构信息，导致森林生物量反演精度有所下降。

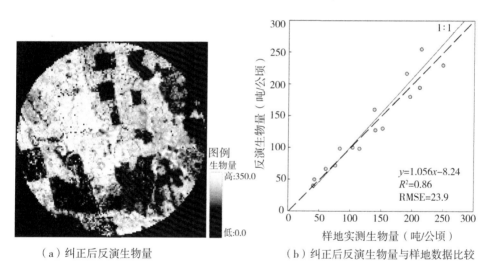

（a）纠正后反演生物量　　　　　（b）纠正后反演生物量与样地数据比较

图 7.7　纠正后激光雷达波形数据反演生物量

表 7-4　　　　　　　　　反演生物量与实测生物量线性拟合

	A	B	R^2	RMSE
波形纠正前	1.093	-9.43	0.76	28.4
波形纠正后	1.056	-8.24	0.86	23.9

7.3.2 与分位数反演生物量比较

激光雷达数据的分位数被很多学者用于生物量的反演，且得到较好的精度，但是分位数在描述森林结构信息时会存在一定的误差。由于分位数 x 的高度计算是由地面回波最低点激光雷达脉冲开始的，累加能量直到为总能量的 $x\%$ ，此时对应的高度为分位数 x 的高度。正是由于分位数定义公式导致会存在分位数高度相同，但是林分的平均高度与密度不同的情况，例如林分稀疏个体高大与林分密集个体较小会存在相同的分位数高度。虽然计算分位数高度时利用了激光雷达回波的能量信息，考虑了林分密度情况，但是没有区分不同高度的回波能量大小信息，所以没有考虑不同树高对生物量的贡献权重，以上原因导致用计算的分位数高度来反演森林生物量时精度下降。

同时，实验区不同，反演生物量的最优分位数也不同，不确定性较大。所以我们要试图从激光雷达回波信号中，寻找一个更能反映森林植被冠层三维结构信息的波形参数。本章采用的生物量指数由式(7-16)可以看出，其利用高度与纠正后波形的能量强度乘积累加得到，这样就等于给高度添加权重之后再进行累加，这里的权重正好能反映不同高度的林分密度，这样能同时考虑树高与林分密度信息，更能反映森林结构信息，提高生物量的反演精度。为了验证生物量指数的优越性，首先将 0 到 100 的分位数高度分别由生物量计算相关系数，如图 7.8 所示，横轴为分位数，纵轴为对应的每个分位数与生物量的相关系数，可以看出分位数 50 对应的高度与生物量相关性最好。将常用的四个分位数 25、50、75、100 分别与生物量进行线性拟合并反演，同时利用生物量指数进行反演，并与分位数 25、50、75、100 的反演结果进行比较。图 7.9 到图 7.12 分别为分位数 25、50、75、100 反演生物量的结果。

由图 7.9 到图 7.12(b) 比较发现，RH50(RH 表示分位数高度)反演得到的生物量更接近 1∶1 的直线，说明与样地实测生物量接近。由表 7-5 发现，RH50 反演生物量的 R^2 达到 0.74，且 RH75 反演生物量的 R^2 为 0.70，同时 RMSE 反演生物量的 R^2 为 30.9，小于 RH75 反演生物量的 R^2(35.8)，这说明在 Howland 研究区 RH50 更适合于森林生物量的反演。但是 RH50 反演生物量的 R^2 小于生物量指数的 R^2(0.76)，RMSE 值大于生物量指数的 RMSE(28.4)，这说明生物量指数在反演生物量方面的精度高于分位数，因为分位数在某些情

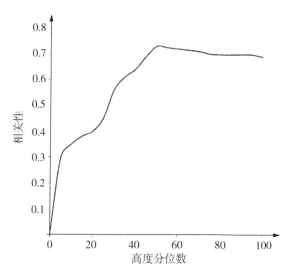

图 7.8　分位数高度与生物量相关性

况下未能准确反映出森林结构信息，而由生物量指数的定义公式可以看出，进行不同高度与林分密度的加权乘积并累加，这样既考虑了树高又考虑了林分密度，所以计算生物量的结果精度要比分位数高。

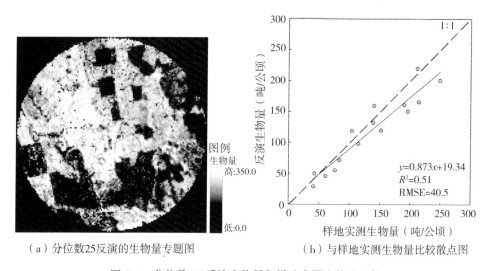

（a）分位数25反演的生物量专题图　　　（b）与样地实测生物量比较散点图

图 7.9　分位数 25 反演生物量与样地实测生物量比较

171

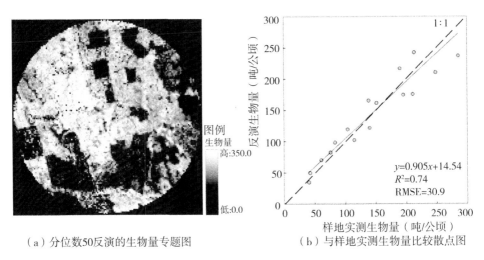

（a）分位数50反演的生物量专题图　　　　（b）与样地实测生物量比较散点图

图 7.10　分位数 50 反演生物量与样地实测生物量比较

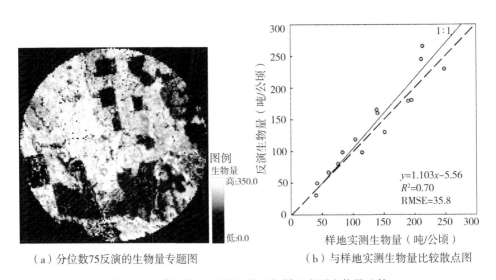

（a）分位数75反演的生物量专题图　　　　（b）与样地实测生物量比较散点图

图 7.11　分位数 75 反演生物量与样地实测生物量比较

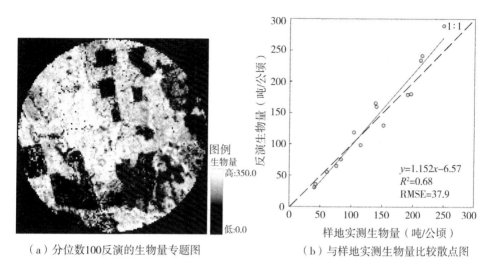

（a）分位数100反演的生物量专题图　　　（b）与样地实测生物量比较散点图

图 7.12　分位数 100 反演生物量与样地实测生物量比较

表 7-5　　　　　　　　　　反演生物量与实测生物量线性拟合

	A	B	R^2	RMSE
RH25	0.873	19.34	0.51	40.5
RH50	0.905	14.54	0.74	30.9
RH75	1.103	−5.56	0.70	35.8
RH100	1.152	−6.57	0.68	37.9
AGBI	1.093	−9.43	0.76	28.4

7.3.3　树种分类对生物量反演的影响

相比激光雷达原始波形数据，基于纠正后波形计算的生物量指数能更准确地反演森林生物量，但是由于式(7-14)中的 α 的存在，造成生物量指数必然与树种、单木叶面积体函数、叶倾角分布还有冠形有关。并且由于式(7-14)存在一定的假设，所以森林场景组成简单，例如由相同冠形、高度均匀的单一树种构成，此种情况下利用生物量指数反演的生物量更为准确。图 7.13（a）、图 7.13（b）分别显示了树种分类后的混交林与针叶林反演的生物量与样地实测生物量线性回归的比较。由表 7-6 发现，分类后针叶林反演生物量的 R^2 为 0.89，大于混交林反演生物量的 R^2(0.85)，同时 RMSE 为 21.1，小于混交林反演生物量的 RMSE(24.5)。同时比较图 7.13(b) 与图 7.7(b) 可以得到，分类后针叶林生物量反演结果精度高于分类前的结果，R^2 由 0.86 提高为 0.89，RMSE 由 23.9 减小到 21.1，这说明树种不同导致植被冠层垂直分布不同，树冠形状各异，进一步导致激光雷达回波波形不同，或者说 α 的存在导致生物量指数与不同树种生物量的线性回归关系不同。例如针叶林与阔叶林在树高、树高分布与林分密度都相同的情况下，其激光雷达回波形状也不相同，这是因为不同树种树冠形状、叶面积体密度函数、植被组分体散射函数与聚集度指数不同所导致，所以不同树种的生物量指数与生物量线性关系是不同的，如果进行生物量反演时不进行树种分类来加以区分，会导致反演精度的下降。

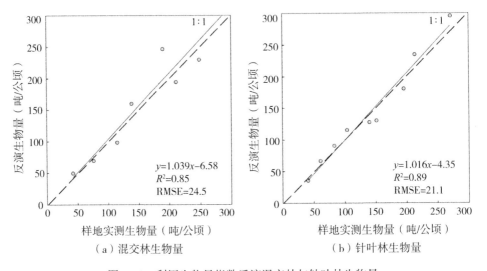

图 7.13　利用生物量指数反演混交林与针叶林生物量

同时还发现混交林情况下生物量反演精度低于针叶林，这是因为针阔混交林植被冠层垂直分布比较复杂，导致影响激光雷达回波能量的因子各不相同，例如式中 α 存在与树种有关的系数，所以即使进行波形纠正也很难准确反映混交林植被冠层垂直分布情况，导致生物量指数反演生物量精度下降。由图 7.9、图 7.12 发现，在生物量比较小时，回归关系优于生物量较大的情况，这是因为在 Howland 研究区生物量较小时林龄比较小，树高相差不多，植被冠层垂直结构分层不明显，森林三维结构简单。但是随着林龄的增长，树木个体之间的竞争使得树高低起伏较大，植被冠层垂直结构分层明显，会出现被压木情况，森林三维结构复杂，导致激光雷达回波反演生物量精度降低。

表 7-6　　　　　　　　生物量指数反演生物量线性拟合比较

	A	B	R^2	RMSE
混交林	1.039	−6.58	0.85	24.5
针叶林	1.016	−4.35	0.89	21.1

7.4　联合激光雷达与多角度遥感的森林参数提取

激光雷达是能对森林结构信息直接测量的遥感数据，能准确反演森林生物量，但是现阶段尚无大范围成像能力的激光雷达遥感。为获取区域森林生物量制图，当前急需一种具有空间连续成像又能反映森林结构信息的遥感数据，光学多角度遥感试图通过不同角度对目标进行观测，还原空间目标三维结构信息，它的出现为植被定量遥感提供了新的契机。所以联合激光雷达与光学多角度遥感数据进行区域森林生物量制图将是在较短时间内有望实现的方法。

由于森林同时存在空间物理结构与生理生长状态的复杂结构信息，而且多角度 BRDF 信号除了随四分量变化而变化，还受森林各组分反射率大小的影响，可能产生不同树种相同生物量情况下具有不同的 BRDF 信号，所以为了消除这种"同物异谱"的情况需要对树种进行分类。而且在树种分类的基础上，相同树种内森林结构分布存在着一定的相似性，所以也能增加激光雷达波形数据与多角度数据的相关性，有希望提高森林生物量的反演精度。因此联合激光雷达波形数据与光学多角度数据的区域森林生物量制图需要三个阶段：首先，对光学多角度影像数据进行树种分类。其次，在分类基础上将激光雷达光斑与多角度影像像素进行归类，利用样地实测生物量数据与纠正后的激光雷达波形提取的生物量指数建立反演模型，对归类后的激光雷达光斑范围内的森林生物量进行反演。最后，将离散的激光雷达光斑范围内的森林生物量与光学多角度影像像素的敏感角度、波段，按归类类别分别建立反演模型进行区域森林生物量外推反演。

　　图 7.14 是 Howland 区域选取的有 LVIS 数据覆盖的研究区，图 7.14（a）是 Howland 区域整个研究区的 CHRIS 真彩色影像与分类结果图，现需要将 LVIS 激光雷达光斑覆盖区域的生物量与光学多角度 CHRIS 影像联合，进行整个研究区范围的森林生物量反演外推。首先将 LVIS 激光雷达光斑按照图 7.14（b）中的类别：针叶林、阔叶林、针阔混交林、灌木湿地与草本湿地进行归类，然后利用每种类别的样地实测生物量数据与对应光斑范围内的激光雷达波形提取的生物量指数进行训练，构建模型并按照类别进行光斑尺度生物量反演，利用对应类别的多角度影像提取敏感角度、敏感波段，构建角度植被指数，并与光斑尺度生物量进行拟合，构建反演模型完成 Howland 研究区整个区域尺度的生物量反演，利用样地实测森林生物量进行反演精度验证。图 7.15 为联合激光雷达与光学多角度 CHRIS 影像数据，利用敏感角度与敏感波段组成的 6 个角度植被指数反演的森林生物量专题图。

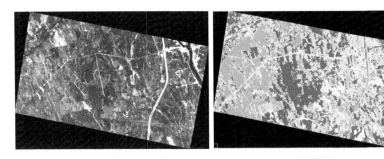

<table>
<tr><td></td><td>图例</td></tr>
<tr><td></td><td>分类</td></tr>
<tr><td></td><td>针叶林</td></tr>
<tr><td></td><td>阔叶林</td></tr>
<tr><td></td><td>混交林</td></tr>
<tr><td></td><td>灌木湿地</td></tr>
<tr><td></td><td>草本湿地</td></tr>
</table>

（a）CHRIS真彩色影像　　　　　　（b）分类影像

图 7.14　Howland 区域 CHRIS 真彩色影像和分类影像

　　由图 7.15 与表 7-7 可以看出，联合激光雷达波形与光学多角度遥感数据反演的生物量专题图分布基本符合研究区林分实际分布情况，其中由敏感角度与波段组合的 ARVI、EVI 两个角度的植被指数反演的生物量与样地实测生物量拟合更接近 1：1 的直线，反演生物量的精度高于其他角度指数反演精度，而且最小 RMSE 值为 31.427，接近最大生物量值的 10%，说明通过联合激光雷达波形数据增加训练样本数，由光学多角度数据中与森林结构存在密切关系的敏感角度与波段建立的反演模型适用于森林生物量反演。

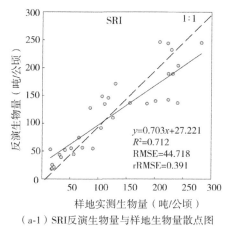

（a-1）SRI反演生物量与样地生物量散点图

（a-2）SRI反演生物量专题图

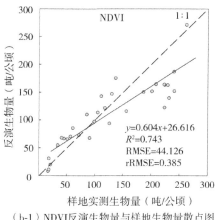

（b-1）NDVI反演生物量与样地生物量散点图

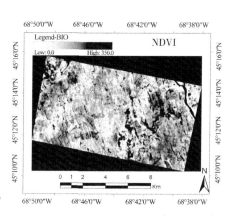

（b-2）NDVI反演生物量专题图

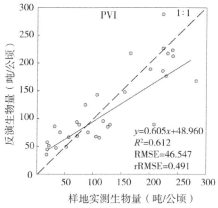

（c-1）PVI反演生物量与样地生物量散点图

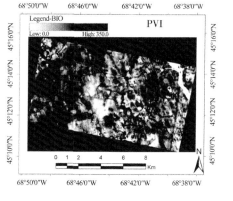

（c-2）PVI反演生物量专题图

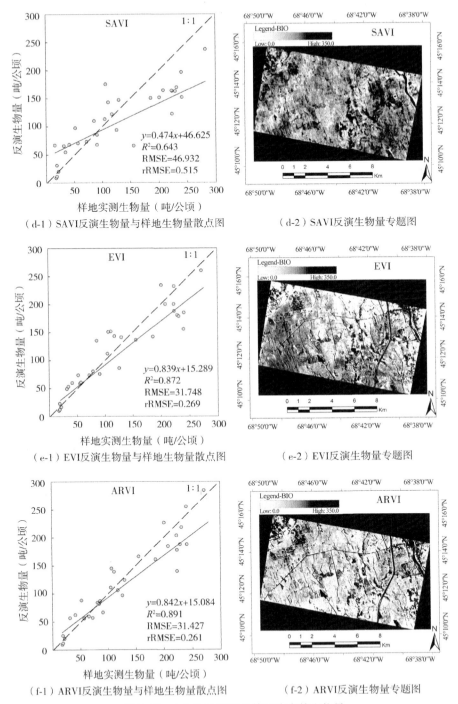

（d-1）SAVI反演生物量与样地生物量散点图 　　　 （d-2）SAVI反演生物量专题图

（e-1）EVI反演生物量与样地生物量散点图 　　　 （e-2）EVI反演生物量专题图

（f-1）ARVI反演生物量与样地生物量散点图 　　　 （f-2）ARVI反演生物量专题图

图 7.15 　6个角度植被指数反演森林生物量

表 7-7   反演生物量与实测生物量线性拟合

	A	B	R^2	RMSE
SRI+AGBI	0.703	27.221	0.712	44.718
NDVI+AGBI	0.604	26.616	0.743	44.126
PVI+AGBI	0.605	48.960	0.612	46.547
SAVI+AGBI	0.474	46.625	0.643	46.932
EVI+AGBI	0.839	15.289	0.872	31.748
ARVI+AGBI	0.842	15.084	0.891	31.427

　　本章首先介绍了基于激光雷达方程原理进行植被冠层回波波形的纠正处理，纠正后的激光回波波形相比原始波形，更能准确地反映森林在水平方向与垂直方向的分布信息。其次利用单木异速生长方程，结合激光雷达回波波形与森林生物量的内在关系，得到基于波形的数据适用于样地尺度森林生物量反演的生物量指数，并利用 LVIS 波形数据进行实验区的森林生物量反演，与地面样地实测生物量比较，结果表明纠正后的激光雷达波形数据反演生物量精度高于波形纠正前的反演结果，说明虽然激光雷达回波数据包含森林结构信息，但是由于植被组分构成的复杂性，与激光脉冲相互作用后得到的原始波形并不能准确反映森林结构分布信息，所以需要对激光雷达波形进行纠正，进而还原森林的真实结构信息，由此提高森林生物量的反演精度。

　　在波形纠正的基础上，对树种分类前后进行生物量反演精度比较，发现分类对生物量反演精度有一定的影响，从生物量指数定义公式出发，不同树种生物量与生物量指数之间存在不同的函数关系，所以为了提高生物量反演精度，需要在树种分类的基础上，分别构建森林生物量与生物量指数回归关系进行反演。同时与利用分位数高度反演的生物量精度进行比较，发现与生物量指数相比，分位数高度更能充分利用激光雷达波形数据的高度与能量分布强度信息，能更准确地提取森林结构信息，从而提高森林生物量反演精度。最后，利用离散光斑反演的生物量与光学多角度数据建立反演模型，进行 Howland 整个研究区森林生物量的反演，结果说明通过联合激光雷达波形数据增加训练样本数，由光学多角度数据中与森林结构存在密切关系的敏感角度与波段，建立反演模型适用于区域森林生物量的反演。

参 考 文 献

[1] 董立新, 吴炳方, 唐世浩. 激光雷达 GLAS 与 ETM 联合反演森林地上生物量研究[J]. 北京大学学报(自然科学版), 2011, 47(4): 703-710.

[2] 董立新. 基于多源遥感数据的三峡库区森林冠层高度与生物量估算方法研究[D]. 北京: 中国科学院遥感应用研究所, 2008.

[3] 董广香, 张继贤, 刘正军. CHRIS/PROBA 数据条带噪声去除方法比较[J]. 遥感信息, 2006, 6: 36-39.

[4] 冯晓明. 多角度 MISR 数据用于区域生态环境定量遥感研究[D]. 北京: 中国科学院研究生院, 2006.

[5] 付安民. 基于多源遥感数据的东北亚森林生物量反演及其时空变化分析[D]. 北京: 中国科学院研究生院, 2008.

[6] 何红艳, 郭志华, 肖文发. 遥感在森林地上生物量估算中的应用[J]. 生态学杂志, 2007, 26(8): 1317-1322.

[7] 李德仁, 王长委, 胡月明, 等. 遥感技术估算森林生物量的研究进展[J]. 武汉大学学报(信息科学版), 2012, 37(6): 631-635.

[8] 刘清旺, 李增元, 陈尔学, 等. 机载 LiDAR 点云数据估测单株木生物量[J]. 高技术通讯, 2010, 7: 765-770.

[9] 李小文, 汪骏发, 王锦地. 多角度与热红外对地遥感[M]. 北京: 科学出版社, 2001.

[10] 刘清旺. 利用机载激光雷达数据提取单株木树高和树冠[J]. 北京林业大学学报, 2008, 6(14): 83-89.

[11] 刘强, 陈良富, 刘钦火, 等. 作物光冠层的热红外辐射传输模型[J]. 遥感学报, 2003, 7(3): 161-167.

[12] 罗传文. 空间信息分析与处理[M]. 哈尔滨: 哈尔滨工程大学出版社, 2004.

[13] 罗传文. 森林采伐格局控制的 $\sqrt{2}$ 原则[J]. 生态学报, 2005, 6: 135-140.

[14] 廖国男. 大气辐射导论[M]. 北京: 气象出版社, 2004.

[15]李帅锋.普洱季风常绿阔叶林恢复生态学研究[D].北京：中国林业科学研究院，2011.

[16]马利群，李爱农.激光雷达在森林垂直结构参数估算中的应用[J].世界林业研究，2011，24(1)：42-45.

[17]庞勇，黄克标，李增元，等.基于遥感的湄公河次区域森林地上生物量分析[J].资源科学，2011，33(10)：1863-1869.

[18]庞勇.基于机载激光雷达温带森林组分生物量反演研究[J].生态学杂志，2012，11：345-351.

[19]庞勇，李增元，陈尔学，等.激光雷达技术及其在林业上的应用[J].林业科学，2005，41(3)：129-136.

[20]庞勇.星载干涉雷达和激光雷达数据森林参数反演[D].北京：中国科学院遥感应用研究所，2005.

[21]庞勇，孙国清，李增元.林木空间格局对大光斑激光雷达波形的影响模拟[J].遥感学报，2006，10(1)：97-103.

[22]田庆久，郑兰芬.基于遥感影像的大气辐射校正和反射率反演方法[J].应用气象学报，1998，9(4)：456-461.

[23]覃文汉.植被双向反射的模型研究与应用初探[D].北京：中国科学院地理研究所，1992.

[24]王强，庞勇，李增元.基于一种简单物理模型的叶面积指数反演[J].中国矿业大学学报，2016，45(2)：1-8.

[25]王红，刘修国，罗红霞，等.基于RPC模型的IRS-P5影像正射校正[J].地球科学(中国地质大学学报)，2010，(35)3：485-489.

[26]王殿中.基于模型的森林空间结构参数反演研究[D].北京：中国科学院遥感应用研究所，2008.

[27]王强，罗传文.阿城市水源特征的均匀性分布[J].东北林业大学学报，2006，4：15-24.

[28]谢东辉.计算机模拟模型的研究与应用[D].北京：北京师范大学，2005.

[29]徐希孺.遥感物理[M].北京：北京大学出版社，2005.

[30]姚延娟.叶面积指数反演及不确定性研究[D].北京：中国科学院遥感应用研究所，2007.

[31]徐钟济.蒙特卡洛方法[M].上海：上海科学技术出版社，1985.

[32]张永生，刘军.高分辨率遥感卫星立体影像RPC模型定位的算法及其优化[J].测绘工程，2004，13(1)：1-4.

［33］赵英时. 遥感应用分析原理与方法［M］. 北京：科学出版社，2004.

［34］张仁华，覃文汉. 中国地理基础数据：中国北方主要农作物双向反射光谱数据集［M］. 北京：科学出版社，1991.

［35］赵峰. 行播作物可见光、近红外及热红外波段辐射一体化建模研究［D］. 北京：中国科学院遥感应用研究所，2008.

［36］ASNER G P. Biophysical and biochemical sources of variability in canopy reflectance-the SAIL model［J］. Remote Sensing of Environment, 1998, 64 (3): 234-253.

［37］ASNER G P. Variability in leaf and litter optical properties: implications for BRDF model inversion using AVHRR MODIS and MISR［J］. Remote Sensing of Environment, 1998, 63(3): 243-257.

［38］AARDT J A N, RANDOLPH H W, RICHARD G O. Forest volume and biomass estimation using small-footprint Lidar-distributional parameters on a Per-Segment Basis［J］. Forest Science, 2006, 52(6): 636-649.

［39］ANTYUFEEV V S, MARSHAK A L. Monte Carlo method and transport in plant canopies［J］. Remote Sensing of Environment, 1990, 31(3): 183-191.

［40］BLAIR J B, RABINE L D, HOFTON M A. The laser vegetation imaging sensor: a medium-altitude, digitization-only, airborne laser altimeter for mapping vegetation and topography［J］. ISPRS Journal of Photogrammetry and Remote, 1999, 54(2-3): 115-122.

［41］BOREL C C. Radiosity based model for terrain effects on multi-angular views ［C］. Geoscience and Remote Sensing Symposium. IGARSS 94. Pasadena, California, August 8-12, 1994.

［42］BOREL C C, SIEGFRIED A W. The radiosity method in optical remote sensing of structure 3-D surfaces［J］. Remote Sensing of Environment, 1991, 36(1): 13-44.

［43］BLAIR J B, RABINE D L, HOFTON M A. The laser vegetation imaging sensor (LVIS): a medium-altitude, digitations-only, airborne laser altimeter for mapping vegetation and topography［J］. ISPRS Journal of Photogrammetry and Remote Sensing, 1999, 54: 115-122.

［44］CHEN J M, MENGES C H, LEBLANC S G. Global mapping of foliage clumping index using multi-angular satellite data［J］. Remote Sensing of Environment, 2005, 97(4): 447-457.

[45]CHOPPING M. Mapping shrub abundance in desert grasslands using geometric-optical modeling and multi-angle remote sensing with CHRIS/Proba [J]. Remote Sensing of Environment, 2006, 104(1): 62-73.

[46]CHOPPING M J, SU L H, LALIBERTE A, et al. Mapping woody plant cover in desert grasslands using canopy reflectance modeling and MISR data [J]. Geophysical Research Letters, 2006, 33(17): 154-161.

[47]CHEN Q, GONG P, BALDOCCHI D, et al. Estimating basal area and stem volume for individual trees from Lidar data[J]. Photogrammetric Engineering & Remote Sensing, 2007, 72(12): 1355-1365.

[48] CHOPPING M. Forest canopy height from multi-angle imaging spectro-radiometer (MISR) assessed with high resolution discrete return lidar [J]. Remote Sensing of Environment, 2009, 113: 2172-2185.

[49] CHOPPING M, SCHAAF C B, ZHAO F, et al. Forest structure and aboveground biomass in the southwestern United States from MODIS and M1SR[J]. Remote Sensing of Environment, 2011, 115(01): 2943-2953.

[50]CARLSSON T. Signature simulation and signal analysis for 3-D laser radar[R]. Technical Report, Sweden, 2001.

[51]CHEN J M, LEBLANCE S G. A 4-scale bidirectional reflection model based on canopy architecture [J]. IEEE Transactions on Geoscience and Remote Sensing, 1997, 35(5): 1316-1337.

[52]CHEN J M, SYLVAIN G L. Multiple-Scattering scheme useful for geometric optical modeling[J]. IEEE Transactions on Geoscience and Remote Sensing, 2001, 39(5): 1061-1071.

[53]CHEN J M, LIU J. Multi-angular optical remote sensing for assessing vegetation structure and carbon absorption[J]. Remote Sensing of Environment, 2003, 84: 516-525.

[54]CHEN J M, LEBLANC S G. A four-Scale bidirectional reflectance model based on canopy architecture [J]. IEEE Transactions on Geoscience and Remote Sensing, 1997, 35: 1316-1337.

[55] CLARK P J, EVANS F C. Distance to nearest neighbour as a measure of spatial relationships in populations[J]. Ecology Society of America, 1954, 35 (4): 445-453.

[56] CHEN G Z, MIU S Y. Studies on the species diversity and the population

patterns of mangrove community in Aotou of Guangdong Province[J]. Journal of Ecology, 1994, 13(2): 34-35.

[57] CHEN X L, LIAN Y S. The geographical distribution patterns and its formative factors on the genus hippophare [J]. Acta Bol. Boreal, 1994, 14 (6): 105-110.

[58] CHEN J M, LIU J, LEBLANC S G, et al. Multi-angular optical remote sensing for assessing vegetation structure and carbon absorption[J]. Remote Sensing of Environment, 2003, 84: 516-525.

[59] CHEN J M, LEBLANC S G. Multiple-scattering scheme useful for geometric optical modeling[J]. IEEE Transactions on Geoscience and Remote Sensing, 2001, 39: 1061-1071.

[60] COOK B, DUBAYAH R, BERGEN K, et al. Field and aircraft observations in support of DESDynI [C]. W. C, NASA Terrestrial Ecology Science Team Meeting, 2010.

[61] CHAVE J C, ANDALO S, BROWN C, et al. Tree allometry and improved estimation of carbon stocks and balance in tropical forests [J]. Oecologia, 2005, 145: 87-99.

[62] DAWSON T E. Fog in the California redwood forest: ecosystem inputs and use by plants[J]. Oecologia, 1998, 117(4): 476-485.

[63] DAVID J D, GREGORY P A, ROGER D, et al. New directions in earth observing scientific applications of multiangle remote sensing[J]. Bulletin of American Meteorological Society, 1999, 80(11): 220-222.

[64] DRAKE J B. Estimation of tropical forest structural characteristics using large-footprint lidar [J]. Remote Sensing of Environment, 2002, 79 (2-3): 305-319.

[65] DEMPSTER A P, LARIRD N M, RUBIN D B. Maximum likelihood from incomplete data via the EM algorithm [J]. Journal of the Royal Statistical Society: Series B, 1977, 39(1): 1-22.

[66] DONNELLY K P. Simulation to determine the variance and edge-effects of total nearest Neighbor distance[M]. London: Cambridge University Press, 1978.

[67] DRAKE J, DUBAYAHK R O, et al. Estimation of tropical forest structural characteristics using large-footprint LiDAR [J]. Remote Sensing of Environment, 2002, 79: 305-319.

[68] FREEMANTLE J R. Calibration of imaging spectrometer data to reflectance using pseudo-invariant features [C]. Proceedings of the fifteenth Canadian Symposium on Remote Sensing. Toronto, Ontario, Canada, 1992.

[69] FANG X Q, ZHANG W C. The application of remotely sensed data to the estimation of the leaf area index[J]. Remote Sensing, 2003, 57: 58-62.

[70] GUO Z F. Estimating forest aboveground biomass using HJ-A satellite and ICESat GLAS waveform data[J]. Science China (Earth Sciences), 2010, 53: 16-25.

[71] GERSTL S A W, SIMMER C. Radiation physics and modeling for off-nadir satellite-sensing of non-Lambertian surface [J]. Remote Sensing of Environment, 1986, 20(1): 1-29.

[72] GOEL N S. Models of vegetation canopy reflectance and their use in estimation of biophysical parameters from reflectance data[J]. Remote Sensing Reviews, 1988, 4(1): 1-222.

[73] GARCA-HARO F J, SOMMERS. A fast canopy reflectance model to simulate realistic remote sensing scenarios[J]. Remote Sensing of Environment, 2002, 81(2): 205-227.

[74] GOEL NARENDRA S. Thompson, A computer graphics based model for scattering from objects of arbitrary shapes in the optical region[J]. Remote Sensing of Environment, 1991, 36: 73-104.

[75] GERARD E F, NORTH P R J. Analyzing the effect of structural variability and canopy gaps on forest BRDF using a geometric-optical model[J]. Remote Sensing of Environment, 1997, 62: 46-62.

[76] GAUSMAN H W. Leaf Reflectance of Near-infrared [J]. Photogram Engin, 1974, 40: 183-191.

[77] GARBULSKY M F, Penuelas J, GAMON J, et al. The Photochemical Reflectance Index (PRI) and the remote sensing of leaf, canopy and ecosystem radiation use efficiencies: A review and meta-analysis[J]. Remote Sensing of Environment, 2011, 115: 281-297.

[78] GALVAO L S, BREUNIG F M, SANTOS J R, et al. View-illumination effects on hyperspectral vegetation indices in the Amazonian tropical forest [J]. International Journal of Applied Earth Observation and Geoinformation, 2013, 21: 291-300.

[79]HOUGHTON R. Importance of biomass in the global carbon cycle[J]. Journal of Geophysical Research Biogeosciences, 2009, 114: 156-159.

[80]HUEMMRICH K F. The GeoSail model: a simple addition to the SAIL model to describe discontinuous canopy reflectance [J]. Remote Sensing of Environment, 2001, 75(2): 423-431.

[81]HALL R J, SKAKUN R S, ARSENAULT E J. Modeling forest stand structure attributes using Landst ETM + data: application to mapping of aboveground biomass and stand volume[J]. Forest Ecology and Management, 2006, 225(1-3): 378-390.

[82]HALL F G. Status of remote sensing algorithms for estimation of land surface state parameters [J]. Remote Sensing of Environment, 1995, 51 (1): 138-156.

[83]HEISKANEN J. Estimating aboveground tree biomass and leaf area index in a mountain birch forest using ASTER satellite data[J]. International Journal of Remote Sensing, 2006, 27(6): 1135-1158.

[84] HOLMGREN J. Estimation of tree height and stem volume on plots using airborne laser scanning[J]. Forest Science, 2003, 49(3): 419-428.

[85]HILL R A. Integrating airborne LiDAR and Landsat ETM+ data for large area assessment of forest canopy height in Amazonia[R]. ISPRS Silvilaser workshop proceedings in Freiburg, Germany, 2010.

[86]HEISKANEN J. Tree cover and height estimation in the Fennoscandian tundra-taiga transition zone using multiangular MISR data [J]. Remote Sensing of Environment, 2006, 103(1): 97-114.

[87]HUEMMRICH K F. The GeoSAIL model: a simple addition to the SAIL model to describe discontinuous canopy reflectance [J]. Remote Sensing of Environment, 2001, 75: 423-431.

[88]HALL F G, SHIMABUKURO Y E, HUEMMRICH K F. Remote sensing of forest biophysical structure using mixture decomposition and geometric reflectance models[J]. Ecological Applications, 1995, 5: 993-1013.

[89]HUETE A R. A soil-adjusted vegetation index (SAVI)[J]. Remote Sensing of environment, 1988, 25: 295-309.

[90]HUETE A R, DIDAN K, MIURA T, et al. Overview of the radiometric and biophysical performance of the MODIS vegetation indices [J]. Remote Sensing

of Environment. 2002, 83: 195-213.

[91] HARDING D J, Carabajal C C. ICESat Waveform Measurements of Within footprint Topographic Relief and Vegetation Vertical Structure[J]. Geophysical Research Letters, 2005, 32(21): 741-746.

[92] JACEK G. IKONOS Stereo feature extraction-RPC approach [C]. ASPRS. Annual Conference Proceedings. Saint Louis: Amercian Society for Photogremmetry and Remote Sensing, 2001.

[93] JUTZI A, STILLA B. Waveform processing of laser pulses for reconstruction of surfaces in urban areas[J]. Remote Sensing and Spatial Information Sciences, 2005, 36(8), 8-27.

[94] JUPP D L B, WALKER J, PENRIDGE L K. Interpretation of vegetation structure in Landsat MSS imagery: A case study in disturbed semi-arid eucalypt woodlands. Part 2. Model-based analysis[J]. Journal of Environmental Management, 1986, 23(1): 35-57.

[95] JACQUEMOUD S, USTIN S L, VERDEBOUT J, et al. Estimating leaf biochemistry using the PROSPECT leaf optical properties model[J]. Remote Sensing of Environment, 1996, 56(3): 194-202.

[96] JASINSKI M F, EAGLESON P S. Estimation of subpixel vegetation cover using red-infrared scattergrams[J]. IEEE Transactions on Geoscience and Remote Sensing, 1990, 28(2): 253-267.

[97] KOETZ B. Fusion of imaging spectrometer and LIDAR data over combined radiative transfer models for forest canopy characterization[J]. Remote Sensing of Environment, 2007, 106(4): 449-459.

[98] KIMES D S. Predicting lidar measured forest vertical structure from multi-angle spectral data[J]. Remote Sensing of Environment, 2006, 100(4): 503-511.

[99] KRASU K, PFEIFER N. Determination of terrain models in wooded areas with airborne laser scanner data[J]. ISPRS Journal of Photogrammetry and Remote Sensing, 1998, 53(4): 193-203.

[100] KIMES D S, KIRCHNER J A. Radiative transfer model for heterogeneous 3-D scenes[J]. Applied Optics, 1982, 21(22): 4119-4129.

[101] KUUSK A. Simulation of the reflectance of ground vegetation in sub-boreal forests[J]. Agricultural and Forest Meteorology, 2004, 126(1-2): 33-46.

[102] KIMES D S, KIRCHNER J A. Directional radiometric measurements of row-

crop temperatures[J]. International Journal of Remote Sensing, 1982, 4(2): 299-311.

[103] KOBAYASHI S, NGOIE K. A comparative study of radiometric correction methods for optical remote sensing imagery: the IRC vs. other image-based C-correction methods[J]. International Journal of Remote Sensing, 2009, 30 (2): 285-314.

[104] KAUFMAN Y J, TANRE D. Atmospherically resistant vegetation index (ARVI) for EOS-MODIS[J]. IEEE Transactions on Geoscience and Remote Sensing, 1992, 30: 261-270.

[105] LEFSKY M A. Lidar Remote sensing of the canopy structure and biophysical properties of douglas-fir western hemlock forests [J]. Remote Sensing of Environment, 1999, 70: 339-361.

[106] LUCAS R M. Retrieving forest biomass through integration of CASI and LiDAR data [J]. International Journal of Remote Sensing, 2008, 29 (5): 1553-1577.

[107] LEFSKY M A. Estimates of forest canopy height and aboveground biomass using ICESat[J]. Geophysical Research Letters, 2005, 32(22): 234-254.

[108] LEFSKY M A. A global forest canopy height map from the Moderate Resolution Imaging Spectroradio meter and the Geoscience Laser Altimeter System[J]. Geophysical Research Letters, 2010, 37(15): 149-158.

[109] LI X W, STRAHLER A H. Geometric-Optical Modeling of a Conifer Forest Canopy[J]. IEEE Transactions on Geoscience and Remote Sensing, 1985, 23 (5): 705-721.

[110] LI X W, STRAHLER A H. Geometric-optical bidirectional reflectance modeling of the discrete crown vegetation canopy: effect of crown shape and mutual shadowing[J]. IEEE Transactions on Geoscience and Remote Sensing, 1992, 30(2): 276-292.

[111] LI X W, STRAHLER A, WOODCOCK C E. A hybrid geometric optical-radiative transfer approach for modeling albedo and directional reflectance of discontinuous canopies [J]. IEEE Transactions on Geoscience and Remote Sensing, 1995, 33(2): 466-480.

[112] LEBLANC S G A, CHEN J. Windows graphic user interface(GUI) for the five-scale model for fast BRDF simulations [J]. Remote Sensing Reviews,

2000, 19(1-4): 293-305.

[113]LI X W, STRAHLER A H, FRIEDL M A. A Conceptual Model for Effective Directional Emissivity from Nonisothermal Surfaces[J]. IEEE Transactions on Geoscience and Remote Sensing, 1999, 37(5): 2508-2517.

[114]LLOYD M. Mean Crowding[J]. Ecology, 1967, 36: 1-30.

[115]LI H T. Introduction to Studies of the Pattern of Plant Population[J]. Chinese Bulletin of Botany, 1995, 12(2): 19-26.

[116]LEFSKY M A, COHEN W B, ACKER S A, et al. LiDAR remote sensing of the canopy structure and biophysical properties of Douglas Fir-Western Hemlock forests[J]. Remote Sensing of Environment, 1999, 70: 339-361.

[117]MYNENI R B. Global products of vegetation leaf area and fraction absorbed PAR from year one of MODIS data[J]. Remote Sensing of Environment, 2002, 83(1): 214-231.

[118]MARKING C, GRETCHEN G M, SU L H, et al. Large area mapping of southwestern forest crown cover canopy height and biomass using MISR[J]. Remote Sensing of Environment, 2008, 112(5): 2051-2063.

[119]MYNENI R B, HOFFMAN S, KNYAZIKHIN Y, et al. Global products of vegetation leaf area and fraction absorbed PAR from year one of MODIS data[J]. Remote Sensing of Environment, 2002, 83(1): 214-231.

[120]MILTION T. The contribution of CHRIS/PROBA to NCAVEO, a knowledge Transfer network for the Calibration and validation of EO data[C]. Proc. of 4th. ESA CHRIS/PROBA workshop, Frascati, 2006.

[121]MYNENI R. A review on the theory of photon transport in leaf canopies in slab geometry[J]. Agricultural and Forest Meteorology, 1989, 45: 1-165.

[122]MORISTITA J. Measuring of the dispersion of individuals and analysis of the distributional patterns[D]. Kyusha: Kyusha University, 1959.

[123]MOORE P G. Spacing in plant populations[J]. Ecology, 1954, 35: 222-227.

[124]MARK R T D. Spatial Pattern Analysis in Plant Ecology[M]. Cambridge: Cambridge University Press, 1998.

[125]NI-MEISTER W G, JUPP D, DUBAYAH R. Modeling Lidar waveform in heterogeneous and discrete canopies[J]. IEEE Transactions on Geoscience and Remote Sensing, 2001, 39(9): 1943-1958.

[126]NORMAN J M, WELLES J M, WALTER E A. Contrasts among bidirectional reflectances of leaves, canopy and soils[J]. IEEE Transactions on Geoscience and Remote Sensing, 1985, 23(5): 659-667.

[127]NILSON T, KUUSK A. A reflectance model for the homogeneous plant canopy and its inversion[J]. Remote Sensing of Environment, 1989, 27: 157-167.

[128]NI E G, Li X W, WOODCOCK C E. An analytical hybrid GORT model for bidirectional reflectance over discontinuous plant canopies [J]. IEEE Transactions on Geoscience and Remote Sensing, 1999, 37(2): 987-998.

[129]NI-MEISTER W G, DAVID L B, JUPP R D. Modeling Lidar waveform in heterogeneous and discrete canopies[J]. IEEE Transactions on Geoscience and Remote Sensing, 2001, 39: 1943-1958.

[130]NIKLAS K J. Plant allometry: the scaling of form and process[J]. Chicago: University of Chicago Press, 1996.

[131] NI-MEISTER W G, LEE S, STRAHLER A, et al. Assessing general relationship between above-ground biomass and vegetation structure parameters for improved carbon estimate from vegetation LiDAR [J]. Journal of Geophysical Research, 2010, 115(G2): 1-12.

[132] PAN Y, BIRDSEY, RICHARD A, et al. The structure, distribution, and biomass of the world's forest[J]. Annual Review of Ecology Evolution and Systematics, 2013, 44: 593-622.

[133] PEDDLE D R. Spectral mixture analysis and geometric-optical reflectance modeling of boreal forest biophysical structure-the influence of canopy closure, understorey vegetation and background reflectance[J]. Remote Sensing of Environment, 1999, 67(3): 288-297.

[134] POPESCU S C. Fusion of small-footprint LiDAR and multispectral data to estimate plot-level volume and biomass in deciduous and pine forests in Virginia, USA[J]. Forest Science, 2004, 50(4): 551-565.

[135] POPESCU S C. Estimating biomass of individual pine trees using airborne lidar[J]. Biomass and Bioenergy, 2007, 31(9): 646-655.

[136] POPESCU S C. Fusion of small footprint LiDAR and multispectral data to estimate plot-level volume and biomass in deciduous and pine forests in Virginia USA[J]. Forest Sciences, 2004, 50: 551-565.

[137]PANG Y, LI Z Y, JU H B, et al. LiCHy: The CAF's LiDAR, CCD and

hyperspectral integrated airborne observation system [J]. Remote Sensing, 2016, 8(5): 398-414.

[138] PERSSON A, HOLMGREN J. Detecting and measuring individual trees using an airborne laser scanner [J]. Photogrammetric Engineering and Remote Sensing, 2002, 68(9): 925-932.

[139] PIELOU E C. Mathematical Ecology[M]. Oxford: Oxford Press, 1977.

[140] QIN W H, SIEGFROIED A. 3-D scene modeling of semi-desert vegetation cover and its radiation regime[J]. Remote Sensing of Environment, 2000, 74(1): 145-162.

[141] RANSON K J, BIEHL L, BAUER M E. Variation in spectral response of soybeans with respect to illumination view and canopy geometry [J]. International Journal of Remote Sensing, 1984, 6(12): 1827-1842.

[142] RICHTER R. Correction of satellite imagery over mountainous terrain [J]. Applied Optics, 1998, 37(18): 4004-4015.

[143] RICHTER R. Geo-atmospheric processing of airborne imaging spectrometry data. Part 2: atmospheric/topographic correction[J]. International Journal of Remote Sensing, 2002, 23(13): 2631-2649.

[144] ROSS J K. The radiation regime and architecture of plant stands[M]. Hague, Plant Sciences, 1981.

[145] ROUJEAN J L. A tractable physical model of shortwave radiation interception by vegetation canopies[J]. Journal of Geophysical Research Atmospheres, 1996, 101: 9523-9532.

[146] ROSS J K. Calculation of canopy bidirectional reflectance using the Monte Carlo method[J]. Remote Sensing of Environment, 1988, 24(2): 213-225.

[147] RANSON K J, BIEHL L L, BAUER M E. Variation in spectral response of Soybeans with respect to illumination, view and canopy geometry [J]. International Journal of Remote Sensing, 1985, 6: 1827-1842.

[148] RANSON K J, SUN G, WEISHAMPEL J F, et al. Forest biomass from combined ecosystem and radar backscatter modeling[J]. Remote Sensing of Environment, 1997, 59(1): 118-133.

[149] RICHARDSON A J, EVERITT J H. Using spectral vegetation indices to estimate rangeland productivity[J]. Geocarto International, 1992: 7, 63-77.

[150] ROUJEAN J L. A tractable physical model of shortwave radiation interception

by vegetation canopies [J]. Journal of Geophysical Research, 1996, 101: 9523-9532.

[151]SASSANS. Benchmark map of forest carbon stocks in tropical regions across three continents[J]. Proceedings of the National Academy of Sciences of the United States of America, 2011, 108(24): 9899-9904.

[152]STANCALIE G. Correction of the atmospheric effects for the high resolution airborne spectrometric data [C]. Proceedings of the First International Airborne Remote Sensing Conference and Exhibition, Strasbourg, France, 8 March, 1995.

[153] SERRA J. Image analysis and mathematical morphology [J]. Journal of Quantitaitve Cell Science, 1983, 4(2): 184-185.

[154]SELLERSP, HALL F, MARGOLIS H, et al. The boreal ecosystem-atmosphere study (BOREAS): An overview and early results from the 1994 field year[J]. American Meteorological Society, 1995, 76(9): 1549-1577.

[155]SUNG, RANSON K J. Modeling lidar returns from forest canopies[J]. IEEE Transactions on Geoscience and Remote Sensing, 2000, 38(6): 2617-2626.

[156] SMITH J A. Effects of changing canopy directional reflectance on feature selection[J]. Applied Optics, 1974, 13(7): 1599.

[157]SHEN W S. Distribution patterns of three main air-seeding plant populations in MuUs sandy land[J]. Journal of Desert Research, 1998, 18(4): 372-378.

[158] SONG C, SCHROEDER T A, COHEN W B. Predicting temperate conifer forest successional stage distributions with multitemporal Landsat Thematic Mapper imagery [J]. Remote Sensing of Environment, 2007, 106 (2): 228-237.

[159] SERRA J. Image Analysis and Mathematical Morphology [M]. New York: Academic Press, 1982.

[160]SELLERS P, HALL F, MARGOLIS H, et al. The boreal ecosystem-atmosphere study (BOREAS): An overview and early results from the 1994 field year[J]. American Meteorological Society, 1995, 76(9): 1549-1577.

[161]SUN G Q, RANSON K J. Modeling lidar returns from forest canopies [J]. IEEE Trans. Geosci. Remote Sensing, 2000, 38(6): 2617-2626.

[162]TUCKER C J. Red and photographic infrared linear combinations for monitoring vegetation [J]. Remote Sensing of Environment, 1979, 8:

127-150.

[163] URBAN D L, A versatile model to simulate forest pattern: a user's guide to ZELIG version 1.0[J]. University of Virginia: Charlottesville, VA, 1990.

[164] VERHOEF W. Unified optical-thermal four-stream radiative transfer theory for homogeneous vegetation canopies[J]. IEEE Transactions on Geoscience and Remote Sensing, 2007, 45(6): 1808-1822.

[165] VERHOEF W. Earth observation modeling based on layer scattering matrices[J]. Remote Sens. Environ, 1985, 17(2): 165-178.

[166] VERHOEF W. Light scattering by leaf layers with application to canopy reflectance modeling: The SAIL model[J]. Remote Sensing of Environment, 1984, 16(2): 125-141.

[167] VERRELST J, SCHAEPMAN M E, KOETZ B, et al. Angular sensitivity analysis of vegetation indices derived from CHRIS/PROBA data[J]. Remote Sensing of Environment, 2008, 112: 2341-2353.

[168] VAUHKONEN J, HOLOPAINEN M, KANKARE V, et al. Geometrically explicit description of forest canopy based on 3D triangulations of airborne laser scanning data[J]. Remote Sensing of Environment, 2016, 173: 248-257.

[169] WANG Q, PANG Y, SUN G Q. Improvement and application of the conifer forest multi-angular hybrid GORT model MGeoSAIL[J]. IEEE Transactions on Geoscience and Remote Sensing, 2013, 51(10): 5047-5059.

[170] WANG Y Y, LI G C, DING J H, et al. A combined GLAS and MODIS estimation of the global distribution of mean forest canopy height[J]. Remote Sensing of Environment, 2016, 174: 24-43.

[171] WANG W Y, WANG Q J, DENG Z F. Communities structural characteristic and plant distribution pattern in alpine kobresia meadow Haibei Region of Qinghai Province[J]. Acta Phytoecologica Sinica, 1998, 22(4): 336-343.

[172] YANG W, NI-MEISTER W G, LEE S. Assessment of the impacts of surface topography, off-nadir pointing and vegetation structure on vegetation LiDAR waveforms using an extended geometric optical and radiative transfer model[J]. Remote Sensing of Environment(Reviewing), 2010.

[173] ZHANGY, SHABANOV N, MYNENI R B. Assessing the information content of multiangle satellite data for mapping biomes. I. Statistical analysis [J]. Remote Sensing of Environment, 2002, 80(3): 418-434.

[174]ZHANG Y, SHABANOV N, KNYAZIKHIN Y, et al. Assessing the information content of multiangle satellite data for mapping biomes II. Theory[J]. Remote Sensing of Environment, 2002, 80(2): 435-446.

[175]ZHANG Z Y, NI W, FU A, et al. Estimation of forest structural parameters from Lidar and SAR data [C]. The International Archives of the Photogrammetry and Remote Sensing and Spatial Information Sciences, Beijing, 2008.

[176]ZHANG Q G, XU L, ZOU Y D, et al. Spatial pattern of hawthorn spider mite population and its application II. Synthetical estimation of population density of adult mites and its sampling technique [J]. Chinese Journal of Applied Ecology, 1994, 5(2): 163-166.

[177]ZHANG J T. Analysis of spatial point patterns for plant species [J]. Acta Phytoecologica Sinica, 1998, 22(4): 344-349.